轻食冷甜点

〔日〕下迫绫美　著
陈昕璐　译

河北科学技术出版社

目录 Contents

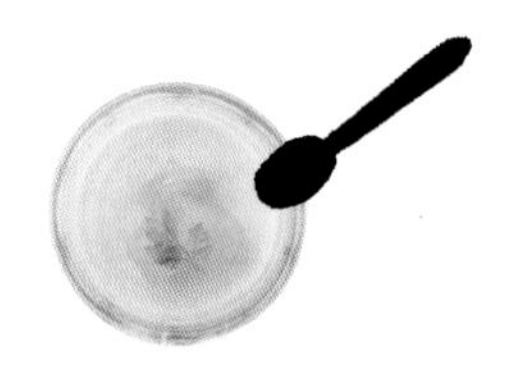

Part 1 吉利丁果冻、寒天果冻

Part 2 布丁、巴伐利亚奶冻、慕斯

* 本书材料表中，1 小勺 =5mL，1 大勺 =15mL，1 杯 =200mL。
* 烤制的温度和时间长短，视具体情况而定，根据烤箱的型号、功率等不同而增减。
* 鸡蛋使用 M 号中等大小的。

Part 3 冰激凌、果子露、冰棒、刨冰

用保鲜袋制作冰激凌

用保鲜袋制作果子露

冰棒

刨冰

Part 4 冰激凌蛋糕、日式冷甜点

冰激凌蛋糕

日式冷甜点

Column

健康的冷食甜点

无须模具!

利用盒子、杯子、保鲜袋就可以做出的冷甜点

用盒子制作布丁

用盒子制作出足量的布丁。分成喜欢的大小，即可大快朵颐。装饰上水果摆上餐桌，就是一道时尚的待客甜点。

用盒子制作果冻

介绍了用吉利丁和寒天制作的两类果冻。添加色彩鲜艳的食材，用盒子做出大果冻，就能享受到与平日不同的风味。

用杯子制作果冻

无须特别的模具，把果冻液倒入杯中里冷却即可！利用身边的容器可以轻松制作。

本书中使用的盒子、杯子

本书使用的盒子是两种类型的浅盒子，分别是 18.8cm×25.2cm×4.8cm 和 14.5cm×20.8cm×4.4cm。制作热水浴布丁的时候，推荐使用可以盛放热饮的搪瓷盒等耐热材质的容器。玻璃杯等杯子用手边有的就可以，如果需要进行加热处理或者盛放热的东西，同样推荐使用耐热材质的容器。如果有浅杯子和深杯子，可以根据甜点的大小盛放，也是很方便的。

果冻、布丁、巴伐利亚奶冻、慕斯、冰激凌……
60 款人气冷甜点，让您在家就可以轻松享受！
无须模具，用盒子或杯子即可制作的果冻、布丁；利用保鲜袋、冰块和盐 10 分钟就可以做成的冰激凌、果子露；还有经典款冰激凌蛋糕、日式冷甜点，低糖、低脂、健康无负担。

用保鲜袋制作冰激凌

即使没有冰激凌机，用保鲜袋、冰块和盐，仅需 10 分钟就可以做出冰激凌！轻松享受到奶油般柔软、醇厚的新鲜风味。

用保鲜袋制作果子露

不用放进冷冻室，不用反复搅拌、冷冻的烦琐步骤！仅需将果子露液放进保鲜袋里再摇晃，简单操作就可做出顺滑细腻的高级果子露。

清凉甘甜的日式甜点

书中还收录了用清爽冰凉的日式食材制作的冷甜点。弹牙的口感和食材的温和甘甜是亮点。

用保鲜袋 + 冰块 + 盐就能制作冰激凌和果子露！

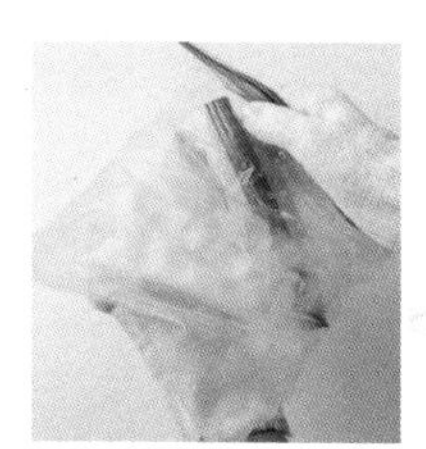
冰激凌

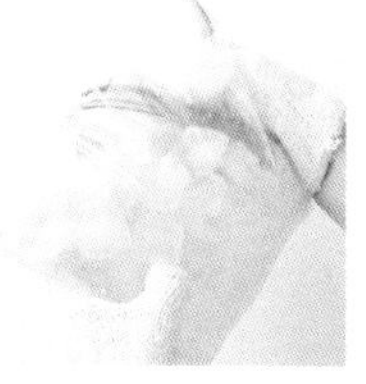
果子露

把冰块和盐放进可密封的保鲜袋里混合，再把装着甜点液的小保鲜袋放进大袋子里。摇晃大保鲜袋 7 ～ 10 分钟，使小袋子都贴上冰。做好后冰激凌和果子露就完成了。

保鲜袋准备可密封的 M 尺寸（26.8cm × 27.9cm）和 S 尺寸（20.3cm × 17.7cm）两种。放入冰块摇晃的时候为防止保鲜袋破裂，请选用质地较厚的保鲜袋。

冷甜点的基本做法

为您介绍凝固冷甜点时不可缺少的吉利丁和寒天的处理方法，
以及混合到甜点面团里或做装饰使用的鲜奶油的基本打发方法。
按照要点，熟练地制作冷食甜点吧！

吉利丁粉的处理方法

吉利丁粉

从牛、猪或鱼的皮、骨（骨胶原）中提炼出的凝固剂。在50～60℃会熔化，放在冰箱里（20℃以下）会凝固。

1 泡发

把水倒入小容器里，撒入吉利丁粉，封上保鲜膜。放进冰箱里冷藏20分钟以上。像上面的右图一样吸水泡发了即可。

2 熔化，使用

加热甜点液，关火后加入泡发的吉利丁，用硅胶刮刀搅拌，使吉利丁熔化。

★还可以把甜点液和泡发的吉利丁放进耐热碗里，用微波炉加热熔化。（p49）

寒天粉的处理方法

寒天粉

以红藻等海藻作为原料的凝固剂。在90℃以上会熔化，40～50℃时会凝固。凝固的温度较高，所以余热消除后请迅速倒入盒子或杯子里。

1 加入寒天粉

把水和寒天粉放进锅里，搅拌混合，开中火加热。

2 搅拌混合，熔化

稍微沸腾后，调成小火，搅拌后使寒天粉完全熔化。

取出香草籽的方法

将香草荚竖着切开，用刀尖刮下香草籽。

★香草荚是兰科植物香草的种子和豆荚熏蒸晾晒而成，可以为甜点增加独特的甜香。香草籽和豆荚有时一起使用。

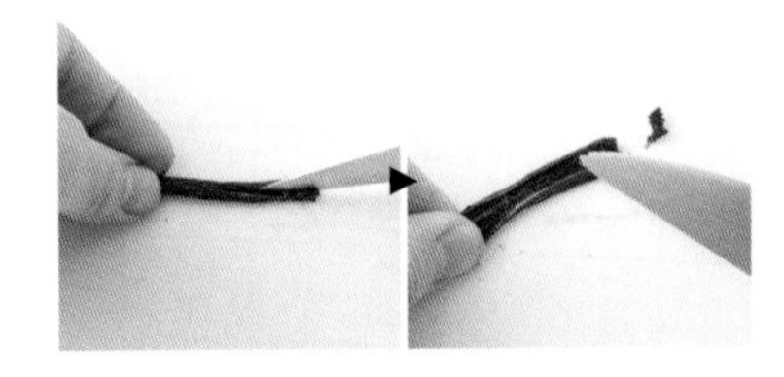

鲜奶油的打发方法

1 开始打发

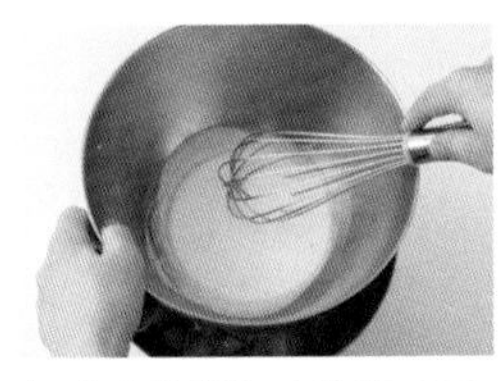

把冷藏的鲜奶油放进碗里，碗底放在冷水里，用打蛋器打发。

★本书使用的鲜奶油的乳脂含量为45%～47%。

2 六分发

用打蛋器提起的奶油呈带状层层交错重叠，会滴落在碗里，这是较稀的奶油。

★一般用于和其他面团混合。

3 八分发

奶油的尖角像小棍一样，不容易滴落，呈较硬、浓稠的状态。

★一般用于冷甜点、蛋糕的装饰。

Part 1

吉利丁果冻、寒天果冻

介绍用吉利丁和寒天制作的两种果冻。只需混合材料然后冷却即可，非常简单。这一章节里，无须使用模具，所有的甜点都可使用普通的盒子和杯子制作。即使是新手也不用担心失败，可以轻松制作。

制作大块果冻，尽情享用吧！

用盒子制作果冻

无须使用模具，倒进盒子里冷却凝固就可以做成，超简单！
分成喜欢的量，尽情享用吧。五彩缤纷的混合水果果冻、果汁制成的轻便果冻、经典的杏仁豆腐、可爱的蜂蜜柠檬果冻等。
为您介绍变化多样的吉利丁、寒天果冻。

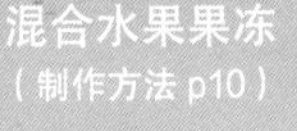

混合水果果冻
（制作方法 p10）

可尔必思柠檬果冻
（制作方法 p11）

用盒子制作的果冻

吉利丁款

桃子树莓果冻

（制作方法 p11）

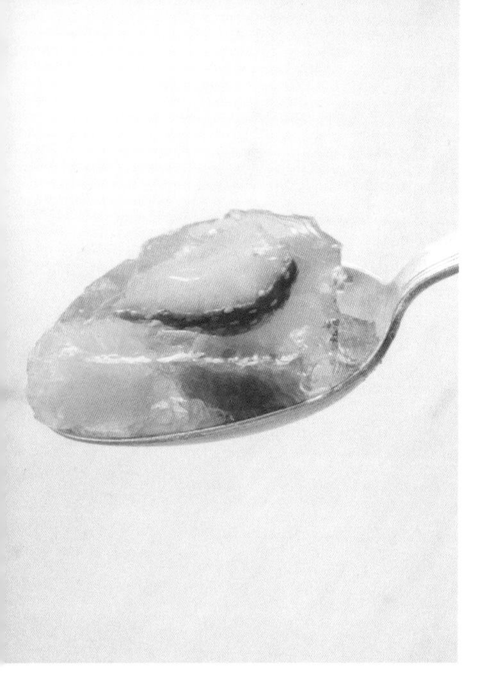

Cool dessert

1

混合水果果冻

自由混合喜爱的水果！用五彩缤纷的水果做出高颜值的果冻。

材料

（14.5cm×20.8cm×4.4cm 的盒子，1个）

水果（草莓、甜橙等，净重）……150g

水……250mL

砂糖……50g

柠檬汁……1大勺

吉利丁粉……7g

水……2大勺

准备

·把吉利丁粉撒入水中，放入冰箱泡发。（p6）

1 切水果

将水果去蒂、去皮、去籽后切成便于食用的大小，放在厨房纸巾上去除水分。

2 熔化吉利丁

把水和砂糖放入锅中开火加热，用硅胶刮刀充分搅拌使其熔化。关火后放入泡发好的吉利丁，继续搅拌熔化。

3 用冰水冷却

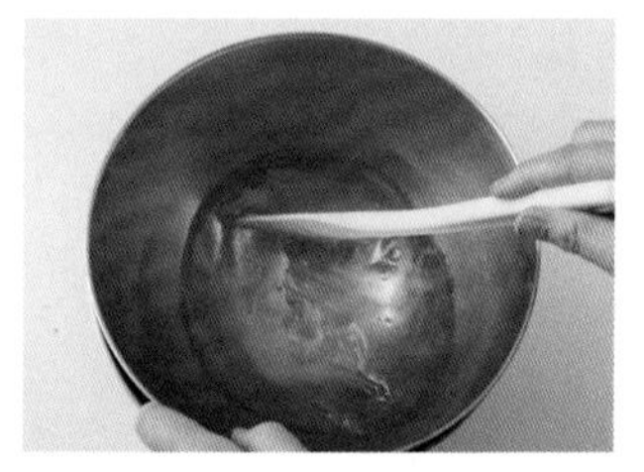

把2倒入碗中，碗底放进冷水中，搅拌冷却。

4 加入柠檬汁

往碗中加入柠檬汁，搅拌至稍微变黏稠，然后冷却。

5 加入水果

放入水果，快速搅拌混合。

6 倒入盒中

倒入盒中，放入冰箱中冷却凝固。

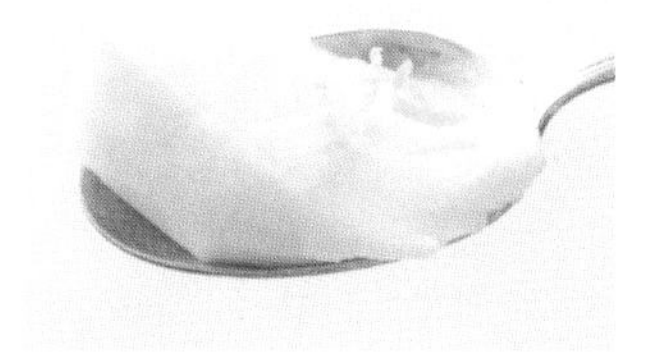

2

可尔必思柠檬果冻

可尔必思的醇厚味道搭配柠檬的酸味。制作简便。

材料

（14.5cm×20.8cm×4.4cm 的盒子，1 个）

可尔必思 130mL，水 150mL，纯酸奶 150g，柠檬汁 1 大勺，吉利丁粉 8g，水 2 大勺，柠檬皮适量

准备

· 把吉利丁粉撒入水中，放入冰箱泡发。（p6）

1 将可尔必思和水倒入锅中开中火加热，用硅胶刮刀搅拌混合。快沸腾时关火，放入泡发好的吉利丁然后再搅拌混合熔化，之后倒入碗中。

2 在另一个碗中倒入纯酸奶，用打蛋器搅拌至顺滑。搅拌好后把酸奶倒入吉利丁的碗中，加入柠檬汁后搅拌混合。

3 把碗底放进冷水中，搅拌冷却。之后倒入盒中，放入冰箱中冷却凝固，在上面撒上切碎的柠檬皮。

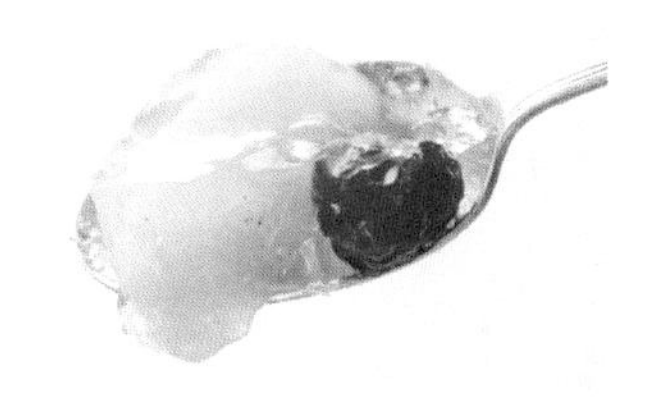

3

桃子树莓果冻

带着香草香甜味道的糖渍桃子和糖浆汁做成的果冻。

材料

（14.5cm×20.8cm×4.4cm 的盒子，1 个）

糖渍桃子糖浆 250mL，水 100mL，糖渍桃子 120g，树莓 12 颗，吉利丁粉 7g，水 2 大勺

准备

· 按照页面下方的方法制作糖渍桃子，准备好糖浆和桃子的用量。

· 把吉利丁粉撒入水中，放入冰箱泡发。（p6）

1 把糖渍桃子糖浆用筛网过滤，然后和水一起放进锅中，开中火加热，用硅胶刮刀搅拌混合，快沸腾时关火。之后放入泡发好的吉利丁熔化。

2 把 1 倒入碗中，把碗底泡入冷水中，搅拌使其冷却，搅拌至稍微变黏稠。

3 把 2 倒入盒中，放进糖渍桃子和树莓，使其色彩鲜艳，然后放入冰箱中冷却凝固。

糖渍桃子 香草荚的风味凸显了桃子的甜蜜。

材料和制作方法（便于制作的量）

1 取 1/3 根香草荚按照 p6 所示的要点，用刀刮去香草籽，和 300mL 水、120g 砂糖、2 片薄柠檬片，一起放入锅中开中火加热。用硅胶刮刀搅拌混合，使砂糖溶解并煮沸。

2 拿 2 个白桃，在桃子底部切十字，放入沸水中约 30 秒。等果皮翻开后，把桃子放入冷水中，从翻开的地方剥掉果皮。将桃子去核后竖切成 8～12 等份，立即放入 1 的锅中用中火熬煮。

3 煮沸后调成小火，撇除浮沫后盖上锅盖，煮 15～20 分钟。煮好后放到常温下冷却，使桃子更入味。

奶茶果冻

用家中的红茶茶叶简单做成果冻。对于红茶，推荐使用浓郁的格雷伯爵茶。

Cool dessert

4

材料

（17cm×21cm×3cm 的盒子，1 个）

红茶茶叶（格雷伯爵茶）……2 大勺
热水……100mL
牛奶……250mL
鲜奶油……100mL
砂糖……50g
吉利丁粉……7g
水……2 大勺

准备

· 把吉利丁粉撒入水中，放入冰箱泡发。（p6）

1 把红茶茶叶放入碗中，倒入热水用保鲜膜封好，放置 5 分钟。之后用滤网过滤，同时用勺子等按压茶叶把水分全部过滤干净。

2 将牛奶、鲜奶油、砂糖放入锅中，开中火加热，用硅胶刮刀搅拌混合使其熔化。快沸腾时关火，加入 1 和泡发好的吉利丁，继续搅拌混合熔化。

3 将混合好的奶茶倒进碗里，把碗底泡入冷水中，继续搅拌至稍微变黏稠，然后冷却。之后倒入盒中，然后放入冰箱中冷却凝固。

Point →

用保鲜膜封住碗静置一会儿，可以挥发出茶香。

过滤时用勺子按压茶叶，把红茶的精华全部留下。

材料

（14.5cm×20.8cm×4.4cm 的盒子，1 个）

甜橙……1/4 个

胡萝卜汁……280mL

甜橙汁……140mL（约 2 个甜橙）

砂糖……35g

吉利丁粉……9g

水……40mL

柠檬汁……2 小勺

准备

· 把吉利丁粉撒入水中，放入冰箱泡发。（p6）

1 将甜橙剥皮后，按下面的要点取出橙子瓣，切成 4～5 等份。将胡萝卜汁、甜橙汁、砂糖放入锅中，开中火加热，用硅胶刮刀搅拌混合，使砂糖溶解。快煮沸时关火，加入泡发好的吉利丁，搅拌混合熔化。

2 把 1 倒进碗里，把碗底泡入冷水中，搅拌使其冷却。

3 倒入柠檬汁然后搅拌混合，变黏稠后倒入盒中，再撒上甜橙，放进冰箱中冷却凝固。

Point →

剥掉甜橙的薄皮，用刀插入果肉和薄皮之间，一瓣瓣切下取出橙子瓣。

用市售的胡萝卜汁，就可以简单做出健康的果冻。

Cool dessert

5

胡萝卜甜橙果冻

胡萝卜汁中加入甜橙做成果冻，
这道甜点即使不爱吃胡萝卜的孩子也能吃得很开心。

用盒子制作果冻

寒天款

Cool dessert

6

蜂蜜柠檬果冻

将柠檬切片后做成糖浆柠檬片，再用添加了蜂蜜的果冻液来凝固。果冻中的柠檬切片色彩鲜艳，做好后即可切块享用。

材料

（14.5cm×20.8cm×4.4cm 的盒子，1 个）

糖浆柠檬

- 柠檬……1 个
- 水……120mL
- 砂糖……120g

水……200mL

寒天粉……3g

蜂蜜……1 大勺

柠檬汁……3 大勺

1 制作糖浆柠檬

柠檬洗净后切成 1 ～ 2mm 厚的柠檬片。把水、砂糖放入锅中，开中火加热，用硅胶刮刀搅匀溶化后放入柠檬。

2 熬煮

在柠檬上面盖上一张烘焙油纸（用剪刀剪出几个小孔），开小火熬煮约 10 分钟。关火后常温下冷却，这样会更入味。

3 制作寒天液

把 2 中煮完的 100mL 柠檬糖浆、200mL 水、寒天粉放入另一个锅中，在加热过程中，用硅胶刮刀不停搅拌混合。稍微沸腾后开小火，搅拌混合加热 2 分钟左右。

4 加入蜂蜜、柠檬汁

关火后加入蜂蜜，然后加入柠檬汁，搅拌混合。

5 用冰水冷却

把锅底放入冷水中，搅拌混合使之冷却。

6 倒入盒中

稍微变黏稠时倒入盒中，在最上面放上做好的糖渍柠檬片，然后放入冰箱中冷却凝固。

★取出果冻时，用抹刀插入果冻和盒子之间，贴着盒子划一圈，进去空气后果冻会更容易取出。

甜橙柑曼怡果冻

用甜橙汁和柑曼怡做成双层果冻，再切成立方块。胖胖滚圆的小方块看起来很萌，品尝一块，口感丰富的甜橙香味在口中弥漫开来。

Cool dessert 7

材料

（14.5cm×20.8cm×4.4cm 的盒子，1 个）

甜橙果冻

- 甜橙汁……400mL
- 寒天粉……4g
- 砂糖……30g

柑曼怡果冻

- 水……200mL
- 寒天粉……2g
- 砂糖……40g
- 柑曼怡……4 小勺

1. 制作甜橙果冻。将甜橙汁、寒天粉放入锅中，搅拌混合后开中火加热。稍微沸腾后开小火，搅拌混合并加热 2 分钟左右，之后放入砂糖并熬煮化开。
2. 把 1 倒入盒中，在室温下放 10～15 分钟，使表层凝固。
3. 制作柑曼怡果冻。将水和寒天粉放入锅中，搅拌混合并开中火加热。稍微沸腾后调成小火，搅拌的同时加热约 2 分钟，然后放入砂糖，熬煮化开。关火后放入柑曼怡。
4. 轻轻地把柑曼怡果冻液倒在凝固的甜橙果冻上面，余热消除后，放入冰箱中冷却凝固。

柑曼怡

甜橙风味的利口酒。亮点是馥郁的橙香和醇厚的风味。也可用君度酒（p50）代替。

Check!

Point →

甜橙果冻凝固后，用叉子在整个表面轻轻地扎上小洞，这样在倒进柑曼怡果冻液的时候，不会剥落下来。

柔软微弹的杏仁豆腐

柔软有弹性的杏仁豆腐。不管是直接享用，还是淋上酸甜的猕猴桃酱，都很好吃。

材料
（14.5cm×20.8cm×4.4cm 的盒子，1 个）

牛奶……300mL
鲜奶油……40mL
寒天粉……1g
砂糖……40g
杏仁粉……20g
猕猴桃酱……适量

杏仁粉
把杏仁磨成粉末状。可以轻松享受杏仁豆腐的香甜。

猕猴桃酱（便于制作的量）
取 1 个猕猴桃，剥掉皮，切成 2cm 见方的小丁。用料理机打碎（也可以用刀细细地切碎），加入 1/2 小勺柠檬汁后搅拌混合，再放入冰箱中冷却。

1. 将牛奶、鲜奶油和寒天粉倒入锅中，用硅胶刮刀搅拌混合，同时开中火加热。之后放入砂糖和杏仁粉，搅拌混合，把它们化开。
2. 用滤网过滤 1，将液体倒入盒中，等余热消除后，放入冰箱中冷却凝固。享用之前也可以淋上猕猴桃酱。

变化一下

传统杏仁豆腐

有怀旧口感的杏仁豆腐。

材料（14.5cm×20.8cm×4.4cm 的盒子，1 个）

Ⓐ
牛奶 200mL，鲜奶油 50mL，寒天粉 2g，砂糖 35g，杏仁粉 20g

糖浆
水 80mL，砂糖 40g，君度酒（p50）、柠檬汁各 1 小勺

水果
樱桃、甜橙、凤梨等各适量

1. 把制作糖浆的水和砂糖放入锅中熬煮熔化，等余热消除后，加入君度酒和柠檬汁，放入冰箱中冷却。
2. 按照页面左侧步骤 1～2 的制作要点，在锅中把Ⓐ组食材熬煮熔化，然后倒入盒中，放入冰箱中凝固。切成长约 3cm 的菱形，盛入碗中，淋上糖浆，再装饰上切好的水果。

无须特别的模具！

用杯子制作果冻

如果想制作便于食用的一人份果冻，推荐这款无须模具，倒进喜欢的杯子里即可做成的杯子果冻！
这里有经典的水果果冻，也有使用市卖饮料制作的改良果冻。
下面介绍一下用吉利丁和寒天制成的果冻。

柚子果冻
（制作方法 p20）

白葡萄酒甜瓜果冻
（制作方法 p20）

用杯子制作的果冻

吉利丁款

苹果酒果冻

（制作方法 p21）

咖啡果冻

（制作方法 p21）

Cool dessert

9

双色柚子果冻

双色的柚子果肉色彩鲜亮，果冻口感弹牙，分量十足。

材料

（200mL 的杯子，4 杯）

白柚、红柚各 1/2 个，柚子汁各 150mL（白柚、红柚各 1 个），砂糖 30g，蜂蜜 1½ 小勺，吉利丁粉 6g，水 2 大勺

准备

・把吉利丁粉撒入水中，放入冰箱泡发。（p6）

1. 将柚子剥去外皮，从柚子瓣中取出果瓤，分成 2～3 等份。把 1/3 的柚子汁和砂糖放入锅中，开中火加热，用硅胶刮刀搅拌混合，把糖熔化。快沸腾时关火，放入泡发好的吉利丁，再继续搅拌混合熔化。
2. 把 1 倒进碗里，加入蜂蜜和剩下的果汁，把碗放在冷水中搅拌冷却。
3. 稍微变黏稠后，把柚子汁等量倒入杯中，再放上柚子，最后放进冰箱中冷却凝固。

Point →

把柚子果冻液倒入杯中，然后放上白柚和红柚搭配颜色。

Cool dessert

10

白葡萄酒甜瓜果冻

白葡萄酒风味的果冻，搭配甘甜的甜瓜，带给您高级风味的享受。

材料

（200mL 的杯子，4 杯）

甜瓜 2/3 个，白葡萄酒 350mL，砂糖 35g，柠檬汁 1½ 小勺，吉利丁粉 7g，水 2 大勺

准备

・把吉利丁粉撒入水中，放入冰箱泡发。（p6）

1. 用挖球器把甜瓜果肉一个个完整地取出。将白葡萄酒和砂糖放入锅中，开中火加热，搅拌混合，把糖化开。快沸腾时关火，放进泡发好的吉利丁，继续搅拌混合熔化。
2. 把 1 倒入碗中，把碗放在冷水中搅拌冷却。加入柠檬汁，搅拌至变黏稠。
3. 等量倒入杯中，上面放上甜瓜，最后放进冰箱中冷却凝固。

Point →

用叉子把甜瓜球均匀地放入每个杯中。

苹果酒果冻

把苹果酒做成果冻！
能享受到新鲜的水果香味和细腻的气泡。

材料

（140mL 的杯子，4 杯）

水 130mL，砂糖 25g，苹果酒 200mL，红加仑适量，吉利丁粉 8g，水 2 大勺

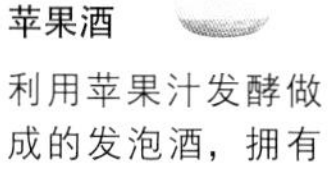

苹果酒

利用苹果汁发酵做成的发泡酒，拥有温和的甜味和柔和的口感。

准备

- 把吉利丁粉撒入水中，放入冰箱泡发。（p6）
- 把苹果酒放入冰箱中冷藏。

1. 将水、砂糖放入锅中，中火加热，搅拌混合，把糖熔化。快沸腾时关火，加入泡发好的吉利丁，继续搅拌熔化。
2. 将 1 倒入碗中，并把碗底放在冷水里，搅拌使其冷却。把苹果酒倒进碗中，轻轻地搅拌均匀。
3. 变黏稠后，将其等量倒入杯中，再放上红加仑，最后放进冰箱中冷藏凝固。

▸ 变化一下

姜汁汽水果冻

这款甜点不含酒精，小朋友也可以享用。

材料和制作方法

（150mL 的杯子，4 杯）

准备苹果酒果冻中除苹果酒和红加仑以外的食材。按照准备和步骤 1 ～ 2 制作果冻液。用 200mL 的冰镇姜汁汽水代替苹果酒，加入后搅拌混合，倒入杯中。装饰上薄荷叶，放进冰箱中冷藏凝固。

咖啡果冻

经典的微苦咖啡果冻。
淋上醇厚的牛奶酱，请享用吧！

材料

（150mL 的杯子，4 杯）

水 300mL，砂糖 40g，速溶咖啡 1½ 大勺，牛奶酱（炼乳 40mL、牛奶 1 大勺），吉利丁粉 6g，水 2 大勺

准备

- 把吉利丁粉撒入水中，放入冰箱泡发。（p6）
- 将制作牛奶酱的材料混合好后放入冰箱中冷藏。

1. 将水、砂糖放入锅中，开中火加热，搅拌至糖化开。
2. 快煮沸时关火，放进速溶咖啡和泡发好的吉利丁，继续搅拌熔化。
3. 将 2 倒入碗中，把碗底放在冷水里，搅拌使其冷却。然后将其等量倒入杯中，放入冰箱中冷藏凝固。享用之前再淋上牛奶酱。

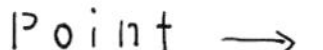

加入速溶咖啡轻松制作咖啡果冻。

Cool dessert

13

▼▼▼

梅酒果冻

把梅酒倒进用细碎的绿紫苏熬煮出的汤汁里，映衬出梅酒的清爽风味。

材料

（120mL 的杯子，4 杯）

绿紫苏……15 片

水……200mL

梅酒……80mL

砂糖……10g

吉利丁粉……4g

水……1 大勺

准备

· 把吉利丁粉撒入水中，放入冰箱泡发。（p6）

1. 将绿紫苏切成细丝，和水一起放进锅中，开中火加热到快沸腾时，关掉火，盖上盖子静置 10 分钟。

2. 把 1 用滤网过滤到碗中，用勺子按压绿紫苏，把水过滤干净。

3. 将 2 和梅酒、砂糖放进锅中，开中火加热，搅拌混合，把糖熔化。快煮沸时关火，放进泡发好的吉利丁，继续搅拌熔化。

4. 搅拌好后倒入碗中，把碗底放在冷水里，搅拌使其冷却。将其等量倒入杯中，放入冰箱冷藏凝固。

Point →

将绿紫苏熬煮好后盖上盖子焖一下，可以充分泡出香味和精华。

用勺子按压熬煮过的绿紫苏，挤出所有的精华成分。

适合聚会

- - -

桑格利亚汽酒果冻碎

把桑格利亚汽酒的果冻液倒进果冻盒中，冷却凝固后用叉子捣碎！盛在玻璃杯中献给宾客，这是最棒的款待。

Cool dessert

14

材料

（14.5cm×20.8cm×4.4cm 的盒子，1 个）

Ⓐ
- 红葡萄酒……260mL
- 水……130mL
- 肉桂枝……1 根
- 丁香……2 个
- 甜橙切片……4 片
- 砂糖……25g
- 蜂蜜……20g

- 吉利丁粉……12g
- 水……50mL

准备

·把吉利丁粉撒入水中，放入冰箱泡发。（p6）

1 将Ⓐ组食材放入锅中开中火加热，用硅胶刮刀搅拌混合，把糖熔化。稍微煮沸一会儿后关掉火，盖上盖子静置 10 分钟。

2 将泡发好的吉利丁放进锅里，搅拌混合熔化。从锅里取出肉桂枝、丁香、甜橙片，然后把果冻液倒进碗中，把碗底泡入冷水中，搅拌使其冷却。

3 把果冻液倒入盒中，放进冰箱中冷藏凝固。之后用叉子捣碎。

Point →

在锅里熬煮葡萄酒、水果和香料，把香味煮出来后盖上盖子焖一下，然后放入吉利丁熔化。
果冻凝固后，用叉子反复把果冻叉碎。

用杯子制作果冻

寒天款

黑糖茶果冻

这款正宗的黑糖茶果冻里，加入了肉桂枝、生姜和丁香，可以享受到香料繁复的风味。

材料

（160mL 的杯子，4 杯）

红茶茶叶（阿萨姆红茶）……3 大勺

热水……300mL

Ⓐ 肉桂枝……1/2 根
丁香……2 个
薄生姜片……4 片

牛奶……200mL

黑砂糖（粉末）……40g

寒天粉……2g

鲜奶油……50mL
砂糖……5g

1 将红茶茶叶和Ⓐ组食材放入碗中，倒进热水，封上保鲜膜静置 5 分钟。然后用滤网过滤到另一碗中，并用勺子按压茶叶，把茶水过滤干净。

2 将牛奶、茶水、黑砂糖、寒天粉放进锅中，搅拌混合，开中火加热。稍微沸腾一会儿后调成小火，继续搅拌加热约 2 分钟。

3 等余热消除后，将其等量倒入杯中，然后放进冰箱中冷却凝固。按照 p6 的要点把鲜奶油和砂糖打发到八分发，用热水温过的勺子捞起适量奶泡放在果冻上面。如果有肉桂粉，也可撒上一点。

Point →

用热水冲泡红茶茶叶和香料，封上保鲜膜焖一下，充分泡出香气和精华成分。

材料

（100mL 的杯子，4 杯）

水……300mL
寒天粉……2g
砂糖……60g
樱花利口酒……1 大勺
柠檬汁……1 小勺
盐渍樱花……20 朵

准备

· 将盐渍樱花去掉花萼，泡在足量的水中（材料之外的量）约 1 小时，去除盐分。

樱花利口酒

从樱花叶中提取的樱花风味的利口酒。加在甜点中会散发出樱花轻柔、丰富的香气。

1. 将水、寒天粉放入锅中，搅拌混合后开中火加热。稍微沸腾一会儿后调成小火，继续搅拌加热约 2 分钟。然后放入砂糖，熬煮熔化。
2. 关火，锅中放入樱花利口酒和柠檬汁，搅拌均匀，然后加入沥干水分的盐渍樱花。
3. 将其等量倒入杯中，待余热消除后，放进冰箱中冷却凝固。也可以根据喜好放上适量煮熟的红豆。

将盐渍樱花泡在足量的水里去除盐分，仔细擦干后再使用。

Cool dessert

16

樱花果冻

品尝这款甜点时，樱花的温柔香气会在口中弥散。
加入了盐渍樱花，果冻看起来既玲珑可爱又清新凉爽。

Cool dessert column

享受层叠的乐趣!

横条纹果冻

把简单的果冻做成流行样式！两种果冻层叠，做成可爱的横条纹样式。

焦糖和牛奶焦糖果冻

可以享受到微苦的焦糖和温和醇厚的牛奶焦糖两种味道。

材料

（150mL 的杯子，4 杯）

焦糖汁

砂糖……100g

水……2 大勺

热水……100mL

A
- 牛奶……120mL
- 砂糖……10g
- 吉利丁粉……4g
- 水……4 小勺

B
- 水……120mL
- 砂糖……10g
- 吉利丁粉……4g
- 水……4 小勺

准备

・把A、B两组的吉利丁粉分别撒进水里，放进冰箱中泡发。（p6）

Point →

关键点是，倒入杯中的果冻液每次都要放进冰箱里彻底凝固好。这样在叠加果冻液的时候才能做出漂亮的横条纹。

1. 按照 p37 的要点，在锅中放入 100g 砂糖和 2 大勺水，加热到变成深黄褐色时，加入 100mL 热水，制作焦糖汁，分成两半的量。
2. 制作牛奶焦糖果冻。把一半的焦糖汁和A组的牛奶、砂糖放进锅中，开中火加热。快煮沸时关火，放入吉利丁熔化，然后倒进碗中。
3. 制作焦糖果冻。在另一个锅中放入剩下的焦糖汁和B组的水、砂糖，开中火加热。快煮沸时关火，放入吉利丁熔化，然后倒进碗中。
4. 将 2 的碗底放在冷水中，搅拌至黏稠。把一半的牛奶焦糖果冻液等量倒入杯中，之后放进冰箱中冷却凝固。
5. 将 3 的碗底同样放在冷水中，搅拌至黏稠。把一半的焦糖果冻液等量倒入 4 的杯中，之后放进冰箱中冷却凝固。
6. 将剩下的 4 隔着热水加热化开（p47），再用冰水冰镇碗底，搅拌至黏稠。然后等量倒入 5 的杯中，放进冰箱中冷却凝固。5 中剩下的焦糖果冻也用热水加热熔化，用冰水冰镇碗底，搅拌至黏稠后等量倒入杯中，之后放进冰箱中冷却凝固。

Part 2

布丁、巴伐利亚奶冻、慕斯

除了经典的热水浴布丁和简便的吉利丁布丁外，还介绍了人气很高的巴伐利亚奶冻和慕斯。和 part 1 一样，只用盒子或杯子即可制作，非常方便。用盒子制作时，剩下的甜点可以直接放进冰箱保存。

Pudding

布丁

介绍两种布丁的制作方法，分别是基本的热水浴布丁和简单易做的吉利丁布丁。
从最经典的鸡蛋牛奶布丁，到水果、蔬菜、红茶等材料制作的风味布丁，一步步教你制作出毫无负担的杯子布丁和少许奢侈的盒子布丁。

Cool dessert

18

热水浴布丁

鸡蛋牛奶布丁

在装满水的盒子中隔水加热，这是基本款鸡蛋牛奶布丁的做法。柔软微弹的口感下，可以完美享受到鸡蛋的香味。

材料

（18.8cm×25.2cm×4.4cm 的耐热盒，1个）

鸡蛋（M号）……4个

蛋黄……2个

砂糖……100g

牛奶……600mL

香草荚……1/2根

焦糖汁

砂糖……80g

热水……2大勺

准备

- 将焦糖汁按照p37的要点，把砂糖（不加水）加热到深黄褐色，再加入热水制作焦糖汁，然后倒进盒子里。
- 将烤箱预热到160℃。
- 将香草荚取出籽（p6）。

1 混合鸡蛋和砂糖

用打蛋器把鸡蛋和蛋黄搅匀调开，加入砂糖搅拌混合。

2 加热牛奶

将牛奶、香草荚、香草籽放进锅中，开中火加热到快沸腾。

3 混合蛋液和牛奶

将煮好的牛奶少量多次地倒进打好的蛋液中，每次都用打蛋器轻轻地搅拌混合。

4 过滤，撇去浮沫

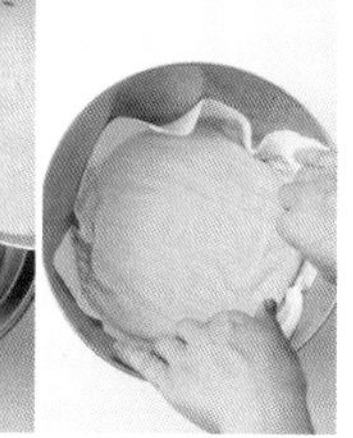

混合好后，用网眼细小的过滤网，把蛋奶液过滤到另一个碗中。用厨房纸巾按压蛋奶液表面，除去浮沫。

5 倒入盒中，隔水加热

把蛋奶液倒入盒中，放进铺着厨房纸巾的托盘中。往托盘里倒进高约2cm的热水。之后放入预热到160℃的烤箱中，烤约40分钟。烤好后取出隔水加热的盒子，放在室温中冷却。等余热消除后封上保鲜膜，放进冰箱中冷却。

变化一下

用布丁杯做热水浴布丁

如果用布丁杯制作，就可以做小份的一人食。

材料和制作方法（110mL的布丁杯，4个）

准备鸡蛋牛奶布丁的全部材料1/2的量。按照准备和1～4的步骤要点制作布丁液，把布丁液倒进盛着焦糖汁的杯子里。按照步骤5隔水加热，放入预热到160℃的烤箱中加热约25分钟，等余热消除后，放进冰箱里冷却。取的时候把刀插进模具和布丁之间，划一圈，再反扣到盘子中即可。

Cool dessert

19

香蕉布丁

把香蕉布丁反扣在盘子里再分成小份，看起来很是奢华。
醇香的焦糖香蕉渗入布丁里，美味可口。

材料

（14.5cm×20.8cm×4.4cm 的耐热盒，1 个）

焦糖香蕉

- 香蕉约……1½ 根
- 砂糖……40g
- 无盐黄油……10g

熟透的香蕉（净重）……50g
鸡蛋（M 号）……2 个
蛋黄……2 个
砂糖……40g
牛奶……200mL

准备

· 烤箱预热到 160℃。

1. 将焦糖香蕉里的香蕉切成 1cm 厚的片，准备 20 片。把砂糖放入平底锅中，开小火加热，加热到变成深黄褐色时放进黄油，用硅胶刮刀搅拌混合。然后放入香蕉，微微煎一下直到所有香蕉都粘满焦糖。在盒子里摆满香蕉，倒入焦糖填满香蕉的缝隙。
2. 把 50g 香蕉放进碗中，用叉子背面细细地把香蕉捣碎。
3. 按照热水浴布丁（p29）的 1～4 的步骤要点，把鸡蛋和蛋黄搅匀调开，加入砂糖搅拌混合。将牛奶放进锅中，开中火加热到快沸腾时（不加香草荚），把蛋液少量多次倒入锅中，搅拌混合。之后过滤到另一个碗中，把 2 放进去，搅拌均匀。用厨房纸巾轻轻按压除去表面上的浮沫。
4. 把 3 倒入盒中，再放进铺好厨房纸巾的托盘中，倒入高约 2cm 的热水。之后放入预热到 160℃的烤箱中烤约 30 分钟。烤好后，取出隔水加热的盒子，放在室温下冷却。等余热消除后封上保鲜膜，放进冰箱中冷却。用抹刀沿着盒子的内侧划一圈，反扣在盘子中取出布丁。

材料

（17cm×21cm×3cm 的耐热盒，1 个）

甘薯（净重）……150g

水……2 大勺

鸡蛋（M 号）……2 个

砂糖……10g

蜂蜜……20g

牛奶……100mL

鲜奶油……50mL

蜂蜜酱

蜂蜜……1 大勺

水……1/2 大勺

准备

· 烤箱预热到 160℃。

· 蜂蜜酱的材料混合均匀，放进冰箱中冷藏。

1. 将甘薯去皮后准备好需要的量，切成 1cm 厚泡在水里，撇除浮沫。把甘薯和 2 大勺水一起放进耐热碗中，松松地封上保鲜膜，用 600W 的微波炉加热 4 分钟，加热好后静置 5 分钟左右，用滤网过滤，擦去水分。
2. 按照热水浴布丁（p29）的 1 ～ 3 的步骤要点，把鸡蛋搅匀调开（不加蛋黄），和砂糖、蜂蜜搅拌混合。将牛奶和鲜奶油放进锅中，开中火加热到快沸腾时（不加香草荚），把蛋液少量多次倒进锅中，搅拌混合，然后过滤到另一个碗中，过滤好后少量多次倒进 1 的耐热碗中，搅拌混合。
3. 用厨房纸巾按压表面除去泡沫，倒入盒中，再放进铺好厨房纸巾的托盘中，倒入高约 2cm 的热水。之后放入预热到 160℃的烤箱中烤约 25 分钟。
4. 烤好后，取出隔水加热的盒子，放在室温下冷却。等余热消除后封上保鲜膜，放进冰箱中冷却。享用之前淋上蜂蜜酱。

Cool dessert

20

甘薯布丁

甘薯的浓郁口感和布丁温和的香甜是绝好的搭配。
请淋上蜂蜜酱尽情享用吧！

红茶布丁

红茶丰富的风味是这款布丁的魅力所在。
装饰上腌泡洋梨，享受高级的口感。

Cool dessert

21

材料

（140mL 的耐热容器，4 个）

红茶茶叶（格雷伯爵茶）……20g
热水……100mL

鸡蛋（M 号）……2 个
砂糖……40g
牛奶……200mL
鲜奶油……50mL

焦糖汁

砂糖……30g
热水……2 小勺

腌制洋梨

洋梨（对半切开的水果罐头）……1 个
洋梨利口酒……1/2 小勺

准备

- 制作焦糖汁。按照 p37 的要点，把砂糖加热至深黄褐色（不加水），然后加入热水制作焦糖汁，制作好后倒入杯中里。
- 将洋梨切成 1cm 见方的小丁，加入洋梨利口酒，搅拌混合。作为装饰用的材料放进冰箱里冷藏。
- 将烤箱预热到 160℃。

1. 将红茶茶叶放进碗中，倒入热水并用保鲜膜封好，静置 5 分钟。用过滤网过滤茶水，用勺子按压茶叶全部过滤干净。
2. 按照热水浴布丁（p29）的步骤 1～4，把鸡蛋（不加蛋黄）搅匀调开，和砂糖搅拌混合。将牛奶和鲜奶油倒进锅中，开中火加热到快沸腾时（不加香草荚），把蛋液少量多次倒入牛奶里，搅拌混合。之后把 1 也倒入搅拌，并过滤到另一个碗中，用厨房纸巾按压表面除去泡沫。
3. 把 2 等量倒进容器里，再放进铺好厨房纸巾的托盘中，倒入高约 2cm 的热水。之后放入预热到 160℃的烤箱中，烤约 30 分钟。
4. 烤好后，取出隔水加热的容器，放在室温下冷却。等余热消除后封上保鲜膜，放进冰箱中冷却。享用之前装饰上腌制洋梨。

Cool dessert

22

奶油奶酪布丁

醇厚的奶油奶酪布丁上，搭配着酸甜的树莓酱。

材料

（120mL 的耐热杯，4 杯）

奶油奶酪……100g

砂糖……40g

鸡蛋（M 号）……1 个

蛋黄……1 个

柠檬汁……1 小勺

牛奶……150mL

树莓酱（下述）……适量

树莓酱（便于制作的量）

准备树莓（冷冻）40g，自然解冻。将树莓、1 大勺砂糖、1 小勺柠檬汁放进耐热碗里，用 600W 的微波炉加热 1 分钟。之后用保鲜膜盖上，自然冷却。

准备

- 将奶油奶酪在室温下放软。
- 将烤箱预热到 160℃。

1. 将奶油奶酪放进碗里，用硅胶刮刀搅拌至顺滑。放入砂糖，搅拌均匀。
2. 把鸡蛋和蛋黄搅匀调开，少量多次倒进 1，用打蛋器搅拌均匀。加入柠檬汁，搅拌一下。
3. 按照热水浴布丁（p29）的 2～4 的步骤要点，把牛奶倒进锅里，开中火加热到接近体温（不加香草荚）。之后少量多次倒进 2，搅拌均匀。过滤到另一个碗中，用厨房纸巾按压表面除去泡沫。
4. 做好后将其等量倒入杯中里，再放进铺好厨房纸巾的托盘中，倒入高约 2cm 的热水。之后放入预热到 160℃ 的烤箱中烤约 30 分钟。烤好后，取出隔水加热的杯子，放在室温下冷却。等余热消除后封上保鲜膜，放进冰箱中冷却。淋上之前的树莓酱，就可享用了。

23

巧克力布丁

可以直接品尝到巧克力的醇厚。
制作时请试着使用甜点专用巧克力。

仿佛融化的口感，十分诱人。

材料

（120mL 的耐热杯，4 杯）

巧克力（板状）……80g
蛋黄……2 个
砂糖……20g
牛奶……150mL
鲜奶油……150mL
朗姆酒……1/2 小勺

★如果使用板状巧克力，需要先切碎后再用。
★朗姆酒是以甘蔗糖蜜为原料生产的一种蒸馏酒。和西点很搭，因为添加在甜点中更有风味，所以被广泛使用。

准备

· 将烤箱预热到 160℃。

1 按照热水浴布丁（p29）的 1 的步骤要点，把蛋黄打散，加入砂糖搅拌（不加鸡蛋）。用隔水煮的方式熔化巧克力后，倒进蛋液里，用打蛋器搅拌均匀。按照 2～4 的步骤要点，把牛奶和鲜奶油放进锅里，开中火加热到快沸腾（不加香草荚），并分三次倒进巧克力鸡蛋液里，搅拌均匀。加入朗姆酒，继续搅拌，之后过滤到另一个碗中，用厨房纸巾按压表面除去泡沫。

2 将 1 等量倒入杯中里，再放进铺好厨房纸巾的托盘中，倒入高约 2cm 的热水。之后放入预热到 160℃的烤箱中，烤约 30 分钟。

3 烤好后，取出隔水加热的杯子，放在室温下冷却。等余热消除后封上保鲜膜，放进冰箱中冷却。

Point →

把杯子放在热水浴用的盒子里，倒入高约 2cm 的热水，隔水加热。

Cool dessert

24

南瓜布丁

散发着南瓜的香气和自然的甘甜。
根据喜好淋上枫糖浆也很美味。

可以享受到南瓜特有的黏糯口感和甘甜。

材料
（120mL 的耐热杯，4 杯）

南瓜（净重）……150g
水……2 大勺
鸡蛋（M 号）……2 个
砂糖……35g
牛奶……100mL
鲜奶油……50mL

准备

·将烤箱预热到 160℃。

1 将南瓜去掉皮、籽，准备 150g 的用量，切成 1cm 的厚度。将南瓜和水一起放进耐热碗里，松松地封上保鲜膜，放进 600W 的微波炉里加热 4 分钟，然后静置 5 分钟。擦干，过滤。

2 按照热水浴布丁（p29）1～4 的步骤要点，把鸡蛋（不加蛋黄）打散，加入砂糖搅拌均匀。把牛奶和鲜奶油倒进锅里，开中火加热到快沸腾（不加香草荚），之后少量多次倒进蛋液里，搅拌混合。搅拌好后过滤到另一个碗中，少量多次倒进 1，继续搅拌，用厨房纸巾按压表面除去泡沫。

3 将 2 等量倒入杯中，再放进铺好厨房纸巾的托盘中，倒入高约 2cm 的热水。之后放入预热到 160℃的烤箱中，烤约 30 分钟。

4 烤好后，取出隔水加热的杯子，放在室温下冷却。等余热消除后封上保鲜膜，放进冰箱中冷却。根据喜好淋上枫糖浆（额外的材料）。

Point →

将杯子放在厨房纸巾上隔水加热，防止直接接触到发热的托盘。

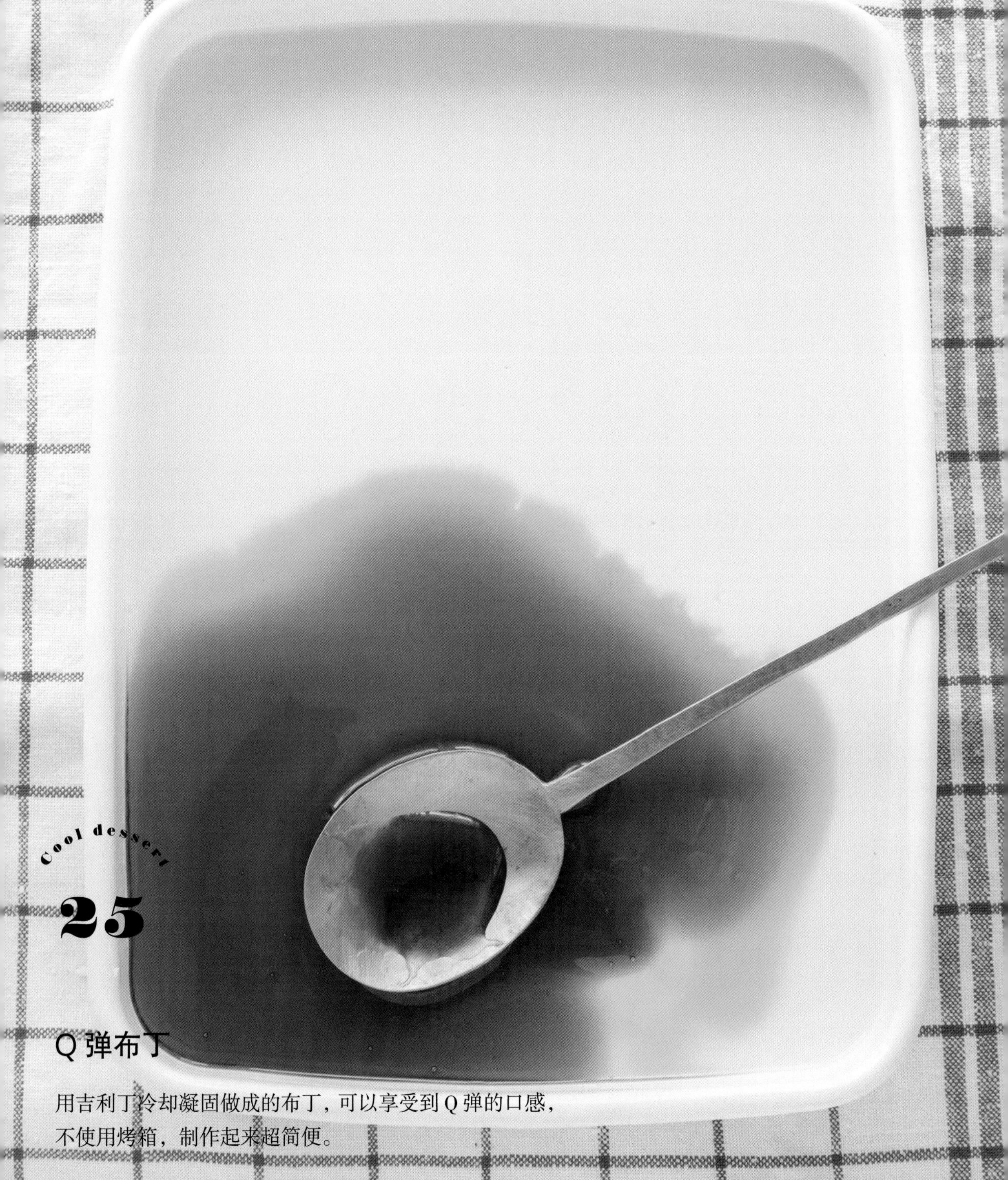

Cool dessert

25

Q 弹布丁

用吉利丁冷却凝固做成的布丁，可以享受到 Q 弹的口感，
不使用烤箱，制作起来超简便。

材料
（18.8cm×25.2cm×4.8cm 的果冻盒，1 个）

蛋黄……4 个
砂糖……100g
牛奶……600mL
鲜奶油……200mL
吉利丁粉……15g
水……60mL

焦糖汁
砂糖……80g
水……20mL
热水……50mL

准备
- 将焦糖汁按照下述要点制作后冷藏。
- 把吉利丁粉撒入水里，放入冰箱泡发（p6）。

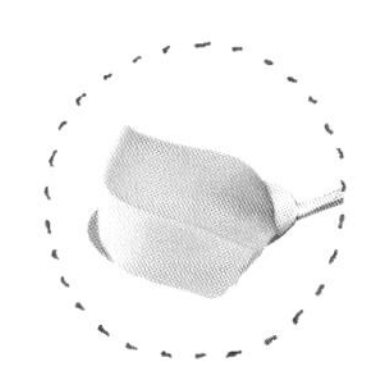

通过调整吉利丁的用量，做出口感顺滑柔软的布丁。

1 制作蛋液

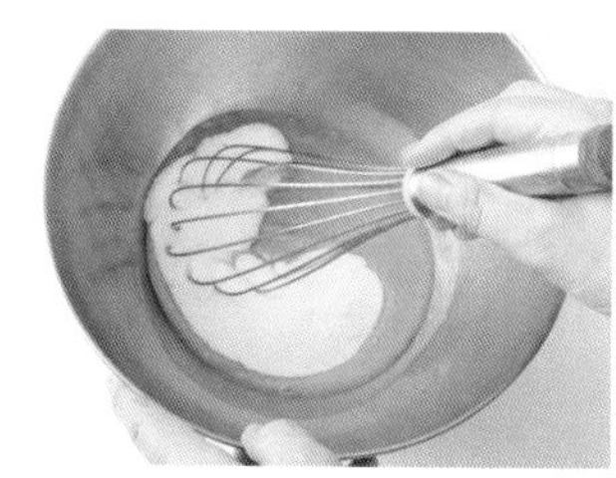

用打蛋器把蛋黄打散，加入砂糖搅拌均匀。

2 制作吉利丁液

将牛奶、鲜奶油倒进锅里，开中火加热到快沸腾。关火后放入泡发好的吉利丁，搅拌熔化。

3 混合蛋液和吉利丁液

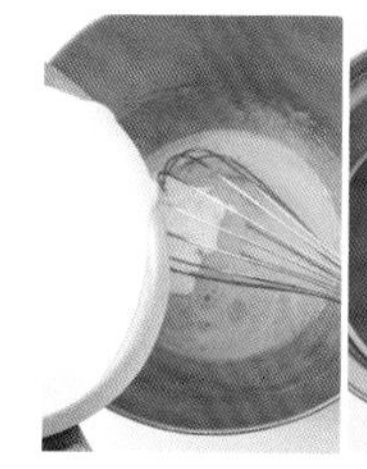
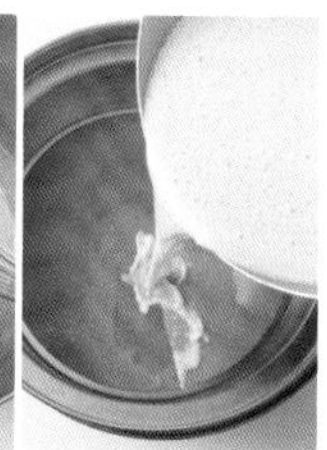

等 2 的余热消除后，将其少量多次倒进蛋液里，每次都用打蛋器搅拌均匀。然后用网眼细小的过滤网过滤到另一个碗里。

4 冷却后倒入盒中

把碗底放在冷水里，搅拌使其冷却，变黏稠后倒入盒中，放进冰箱中冷却凝固。享用之前淋上焦糖汁。

焦糖汁　多加一些水，可以做出稀的焦糖汁，淋浇在布丁上。基本款热水浴布丁（p29）中的焦糖汁，在制作时不加水，做出的比较黏稠。

1 将砂糖和水放进锅里，开小火加热。

2 出现焦糖色后关掉火，把热水顺着硅胶刮刀分 2～3 次加进锅中，搅拌均匀。

★容易飞溅出来，小心烫伤。

3 待焦糖汁变黏稠，可以保留下来缝隙的时候就完成了。

Cool dessert

26

牛奶布丁

这款简单的布丁是用布丁盒做成的。
装饰上喜爱的水果，可爱迷人，是一款可以款待朋友的甜点。

材料

（17cm×21cm×3cm 的盒子，1 个）

牛奶……300mL
鲜奶油……60mL
砂糖……35g
吉利丁粉……5g
水……20mL
草莓……2 颗
树莓、蓝莓……各 9 颗
甜瓜……约 1/4 个
薄荷、糖粉……各适量

准备

· 把吉利丁粉撒入水里，放入冰箱泡发（p6）。

1 按照吉利丁布丁（p37）的 2 的步骤要点，把牛奶和鲜奶油、砂糖放进锅里，开中火加热并搅拌均匀。等砂糖溶解后关火，放入泡发好的吉利丁，熔化。然后从锅里倒进碗中，把碗底放在冷水里搅拌使其冷却。

2 把 1 倒入盒中，放进冰箱里冷却凝固。

3 将草莓去蒂后竖切成四等份，甜瓜去皮后切成 2cm 的小丁。用过滤网在蓝莓上撒上糖粉。把水果摆在布丁上，使其色彩鲜艳，再装饰上薄荷。

Point →

把泡发好的吉利丁放入加热后的牛奶中，用余热熔化吉利丁。

把碗底放在冷水里搅拌至稍微变黏稠，冷却之后倒入盒中，可以快速凝固。

材料

（140mL 的杯子，4 杯）

- 抹茶……5g
- 砂糖……50g
- 热水……1 大勺
- 牛奶……200mL
- 鲜奶油……120mL
- 吉利丁粉……5g
- 水……20mL
- 柚子糖浆（下述）……全部

柚子糖浆（便于制作的量）

把 2 大勺水和 10g 砂糖放进耐热碗里，放进 600W 的微波炉里加热 30 秒，搅拌均匀。等余热消除后，加进 2 小勺柚子汁，搅拌后放进冰箱里冷藏。

准备

- 把吉利丁粉撒入水里，放入冰箱泡发（p6）。

1. 把抹茶和砂糖放进碗里，用打蛋器充分搅拌，然后倒入热水继续搅拌均匀。
2. 按照吉利丁布丁（p37）的 2 的步骤要点，把牛奶和鲜奶油倒进锅里，开中火加热，关火后加入泡发好的吉利丁，搅拌熔化。然后把 1 的茶汁倒进锅里搅拌，之后过滤到碗里，把碗底放在冷水里，搅拌使其冷却。
3. 搅拌到稍微变黏稠后，将其等量倒入杯中，放进冰箱里冷却凝固。享用之前淋上柚子糖浆，如果有柚子皮，也可切成细条，撒上一些装饰。

Point →

抹茶粉很容易结块，所以与砂糖搅拌均匀后，要少量多次倒入热水，更容易溶解。

Cool dessert

27

抹茶布丁

微苦的抹茶布丁上，淋上柚子糖浆，让你乐享日式的融合风味。

Cool dessert

28

草莓牛奶布丁

草莓和牛奶是一对好拍档，将它们混合在一起，可以做出Q弹口感的布丁。淋上樱桃酱，味道愈发清甜、浓香。

材料

（150mL 的杯子，4 杯）

草莓（净重）……150g
牛奶……200mL
鲜奶油……80mL
砂糖……25g
炼乳……15g
吉利丁粉……6g
水……2 大勺
樱桃酱（下述）……适量

樱桃酱（便于制作的量）

将红葡萄酒、水各 30mL，以及 15g 砂糖一起放入锅里，开小火加热，用硅胶刮刀搅拌混合，把糖熔化。把 6 粒美国樱桃切成两半，去掉果核放进锅里。用厨房纸巾盖在上面，开小火熬煮 5 分钟左右。关火，把 1/2 小勺的玉米粉、柠檬汁搅拌后放进锅中。再用小火加热，搅拌至黏稠。等余热消除后，放进冰箱里冷藏。（也可以用 50g 挤干水分的黑樱桃罐头代替美国樱桃）

准备

· 把吉利丁粉撒入水里，放入冰箱泡发（p6）。

1 将草莓去蒂后用搅拌机搅拌成草莓泥。

2 按照吉利丁布丁（p37）的 2 的步骤要点，把牛奶、鲜奶油、砂糖、炼乳倒进锅里，开中火加热，搅拌均匀。等砂糖熔化后关掉火，放入泡发好的吉利丁，搅拌熔化。

3 把 2 倒进碗中，把碗底放在冷水里，搅拌使其冷却。然后加进草莓泥，继续搅拌，之后将其等量倒入杯中，放进冰箱里冷却凝固。享用之前淋上樱桃酱。

材料

（14.5cm×20.8cm×4.4cm 的盒子，1个）

杧果（净重）……200g

牛奶……240mL

砂糖……30g

吉利丁粉……6g

水……2 大勺

准备

- 把吉利丁粉撒入水里，放入冰箱泡发（p6）。

1. 将杧果去掉皮和果核，准备好用量，切成大块。用搅拌机搅拌成杧果泥。
2. 按照吉利丁布丁（p37）的 2 的步骤要点，把牛奶、砂糖倒进锅里，开中火加热，搅拌混合。等砂糖熔化后关掉火，放入泡发好的吉利丁，搅拌熔化。
3. 把 2 倒进碗中，把碗底放在冷水里，搅拌使其冷却。然后加入杧果泥，继续搅拌，之后倒入盒中，放进冰箱冷却凝固。

Point →

把杧果泥和牛奶吉利丁液混合，能做出温和、醇厚的口感。

将布丁液倒进盒子，放进冰箱里冷却凝固。仅此而已，操作简单便捷。

Cool dessert

29

杧果布丁

可以品尝到清新杧果风味的浓香布丁。
建议您使用新鲜的杧果制作。

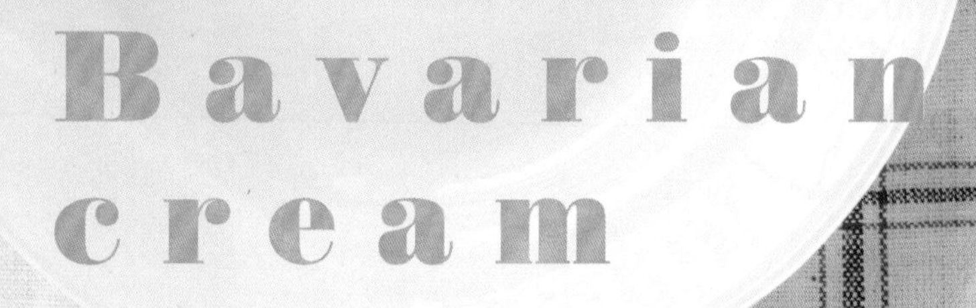

巴伐利亚奶冻

这款冷食甜点的特点是拥有鸡蛋牛奶布丁的味道和顺滑的口感。

为您介绍基本款的香草巴伐利亚奶冻和添加了白巧克力的醇香巴伐利亚奶冻。

30

香草巴伐利亚奶冻

这款巴伐利亚奶冻可以品味到鸡蛋和香草的至纯风味。加入的鲜奶油，又让它拥有了醇香的口感。

材料

（17cm×21cm×3cm 的盒子，1 个）

蛋黄……2 个
砂糖……40g
牛奶……150mL
香草荚……1/3 根
吉利丁粉……4g
水……1 大勺
鲜奶油……200mL

准备

- 把吉利丁粉撒入水里，放入冰箱泡发（p6）。
- 将香草荚取出籽（p6）。
- 将鲜奶油打发到六分发（p6），放进冰箱。

1 混合蛋黄和砂糖

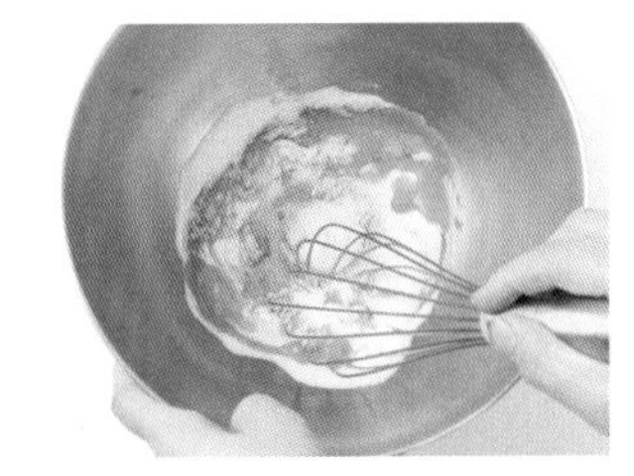

用打蛋器把蛋黄打散，放入白砂糖，搅拌至颜色发白。

2 加热牛奶液

把牛奶、香草荚和香草籽放进锅里，开中火加热到快沸腾。

3 把牛奶液倒进蛋液里

把 2 少量多次倒进 1 里，同时用打蛋器搅拌均匀。之后倒回锅中，像上面的右图一样，一边用小火加热一边搅拌熬煮，煮到稍微变黏稠。

4 放入吉利丁，过滤

关火，放入泡发好的吉利丁，搅拌熔化。然后用网眼细小的过滤网过滤到碗里，把碗底放在冷水里，搅拌使其冷却。

5 加入鲜奶油

搅拌黏稠后，把打发好的鲜奶油分3次加进碗里，每次都搅拌混合。

6 倒入盒中

做好后倒入盒中，放进冰箱里冷却凝固。

31

白巧克力蓝莓巴伐利亚奶冻

白巧克力的甜蜜搭配蓝莓酱的酸甜！这款浓郁的巴伐利亚奶冻在口中融化的口感像奶油一样柔软。

材料

（14.5cm×20.8cm×4.4cm 的盒子，1 个）

蛋黄……2 个
砂糖……20g
牛奶……120mL
吉利丁粉……3g
水……1 大勺
白巧克力（排块）……100g
鲜奶油……200mL

蓝莓酱

蓝莓（冷冻）……40g
砂糖……20g
玉米粉……1/2 小勺
柠檬汁……1/2 小勺

准备

· 把蓝莓酱材料中的蓝莓和砂糖放进锅里，蓝莓先解冻好。
· 把吉利丁粉撒入水里，放入冰箱泡发（p6）。
· 把鲜奶油打发到六分发（p6），放进冰箱。

1 制作蓝莓酱

开小火加热放着蓝莓的锅，用硅胶刮刀一边搅拌一边加热。关火，将玉米粉和柠檬汁充分混合后放进锅里，再开小火加热，继续搅拌至黏稠，倒入容器里冷却。

2 制作巴伐利亚奶冻液

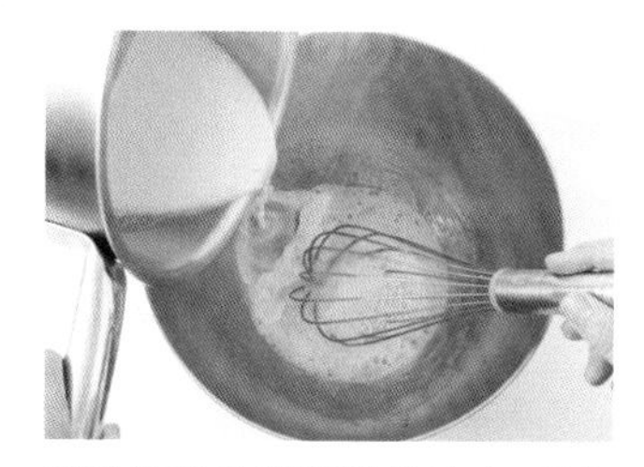

按照香草巴伐利亚奶冻（p43）的 1～3 的步骤要点，把蛋黄打散，加入砂糖，搅拌至颜色稍微发白。把牛奶倒入锅里加热到快沸腾（不加香草荚）后，将其少量多次倒入蛋液，搅拌均匀。搅拌好后再倒回锅里，开小火熬煮并搅拌混合。

3 加入吉利丁

等 2 煮到稍微黏稠后，关火，放入泡发好的吉利丁，继续搅拌熔化。

4 加到巧克力里，并熔化

把巧克力放进碗里，用网眼细小的过滤网过滤 3，并用硅胶刮刀搅拌均匀，熔化巧克力。

★使用板状巧克力的时候，需先将巧克力切碎再放进碗里。

5 和鲜奶油混合

将碗底放进冷水里，搅拌使其冷却。把打发好的鲜奶油分 3 次加进去，每次都搅拌均匀。

6 倒入盒中，描绘图案

把 5 倒入盒中，上面分散地洒上没有蓝莓果的蓝莓酱，再用竹扦描绘出大理石花纹图案。然后放上蓝莓果，放进冰箱冷却。

★装饰用的蓝莓如果下陷，可以先把巴伐利亚奶冻液在冰箱里冷却 30 分钟后，再放蓝莓果。

Mousse

慕斯

充满魅力的慕斯拥有柔软轻盈的口感。
为您介绍充满人气的草莓慕斯和酸奶慕斯，以及风味温和的栗子慕斯。

Cool dessert

32

草莓慕斯

在口中融化时的口感柔软温和。添加的樱桃利口酒，更是凸显出草莓的风味。

材料

（150mL 的杯子，4 个）

草莓（净重）……150g

- 吉利丁粉……4g
- 水……1 大勺

砂糖……50g

樱桃利口酒……1 小勺

柠檬汁……1 小勺

鲜奶油……120mL

装饰材料

- 草莓……2 颗
- 树莓……8 颗

准备

- 把吉利丁粉撒入水里，放入冰箱泡发（p6）。
- 鲜奶油打发到六分发（p6），放进冰箱。

Check!

樱桃利口酒

以樱桃为原料制作的利口酒，是莓子类的好拍档，它可以增添甜点的风味，所以使用广泛。

1 搅拌草莓

准备去蒂草莓 150g。用搅拌机搅拌成草莓泥，放进碗里。

2 制作吉利丁液

把 1/3 的草莓泥、泡发好的吉利丁和砂糖放进另一个碗中，碗底放进热水里（热水浴），搅拌混合，把吉利丁熔化。

3 倒回草莓泥里

把做好的 2 倒进 1。

4 加入樱桃利口酒和柠檬汁

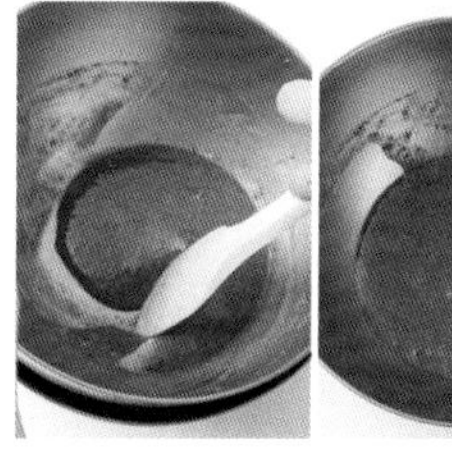

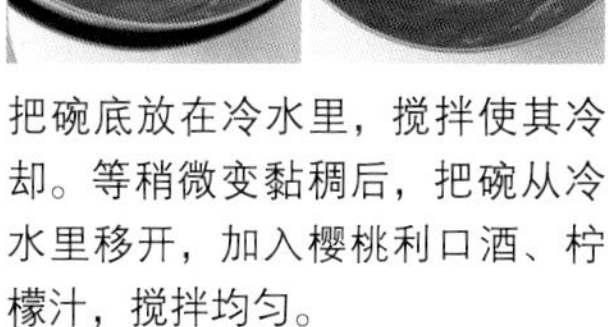

把碗底放在冷水里，搅拌使其冷却。等稍微变黏稠后，把碗从冷水里移开，加入樱桃利口酒、柠檬汁，搅拌均匀。

5 加入鲜奶油

打发好的鲜奶油分两次加进 4，每次都用硅胶刮刀搅拌混合。

6 倒入杯中

把 5 等量倒入杯中，放进冰箱冷却凝固。装饰上竖切成两半的草莓和树莓。

Tres bon

33

栗子慕斯

使用市面上卖的栗子泥和栗子涩皮煮即可简单做出的一款慕斯！添加了碎栗子，让风味更加醇厚。

材料

（14.5cm×20.8cm×4.4cm 的盒子，1 个）

牛奶……60mL

- 吉利丁粉……3g
- 水……1 大勺

栗子泥……100g

朗姆酒……1 小勺

鲜奶油……150mL

栗子涩皮煮……50g

装饰用材料

- 栗子涩皮煮……3 颗
- 巧克力卷屑……6 根
- 去皮核桃仁……5 颗
- 南瓜子……7 粒
- 糖粉……适量

准备

- 将材料中的50g栗子涩皮煮用刀切碎。
- 把吉利丁粉撒入水里，放入冰箱泡发（p6）。
- 将装饰用的核桃用平底锅干炒一下，冷却。
- 鲜奶油打发到六分发（p6），放进冰箱。

1 熔化吉利丁

将牛奶和泡发好的吉利丁倒进耐热碗里，封上保鲜膜，用 600W 的微波炉加热 30 秒左右，熔化吉利丁。

2 把吉利丁液混合进栗子泥里

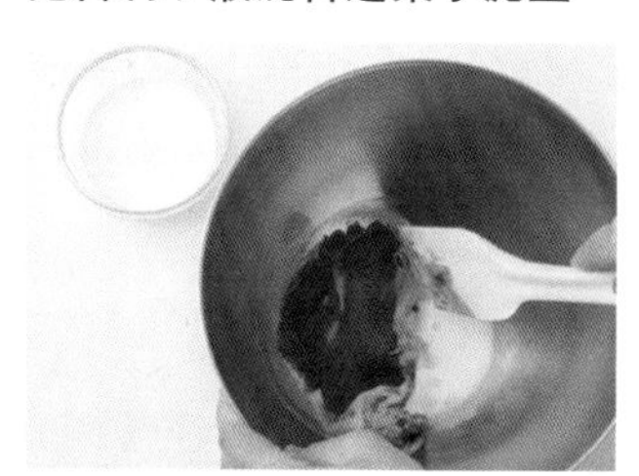

把栗子泥放进碗里，并将 1 少量多次地倒进栗子泥里，搅拌均匀。

3 加入朗姆酒

把朗姆酒倒入 2 中，继续搅拌混合。

4 加入鲜奶油

把 1/3 的鲜奶油和切碎的栗子涩皮煮放进碗里，搅拌混合，剩下的鲜奶油分两次加进去，每次都用硅胶刮刀搅拌混合。

5 倒入盒中

做好后倒入盒中，放进冰箱冷却。像上页图一样，在做好的慕斯上装饰上切成两半的栗子涩皮煮、巧克力卷屑、核桃、南瓜子，最后用筛网撒上糖粉。

栗子泥

栗子泥是把煮栗子捣烂后，用砂糖和香草调味做成的泥状食物。

栗子涩皮煮

将 1kg 栗子剥去外皮，带内皮用足量水和 1 大勺小苏打煮 15 分钟。把内皮洗净，小心地洗去绒毛，去掉栗子筋，然后和 500g 白砂糖、2 支香草荚一起小火煮 20~30 分钟。放至微温后，加入 1 大勺朗姆酒，搅拌均匀即可。可将栗子和糖浆一起放入瓶中，密封冷藏保存。

Cool dessert

34

枫糖酸奶慕斯

酸奶打底的慕斯里添加了枫糖浆的风味。
简单纯净，恰到好处的酸甜交织在一起，是这款慕斯的亮点。

材料
（150mL 的杯子，4 杯）

纯酸奶……200g
枫糖浆……55g
- 吉利丁粉……5g
- 水……1½ 大勺

君度酒……1 小勺
鲜奶油……100mL

枫糖甜橙
- 甜橙……3 瓣
- 枫糖浆……1 小勺

细叶芹……适量

准备

- 把吉利丁粉撒入水里，放入冰箱泡发（p6）。
- 把鲜奶油打发到六分发（p6），放进冰箱。
- 把甜橙取出橙子瓣，切成 4 等份，加入枫糖浆搅拌均匀后放进冰箱冷藏。

君度酒
甜橙风味的利口酒。也可用柑曼怡（p16）代替。

1. 将酸奶、枫糖浆倒进碗里，用打蛋器搅拌均匀。
2. 把泡发好的吉利丁放进耐热碗里，用 600W 的微波炉加热 30 秒左右，熔化吉利丁。
3. 在 2 里加入 2 大勺左右的酸奶枫糖浆，搅拌混合。之后倒回 1，用硅胶刮刀搅拌，然后加入君度酒充分搅拌，分两次加入打发好的鲜奶油，每次都搅拌均匀。
4. 将 3 等量倒入杯中，放进冰箱中冷却凝固。享用之前装饰上枫糖甜橙和细叶芹。

Part 3

冰激凌、果子露、冰棒、刨冰

没有冰激凌机也没关系！也不用把果子露放在冷冻室反复多次冷冻、搅拌那么麻烦！
本章为您介绍如何用保鲜袋和冰块、盐快速制作人气冰激凌和果子露。同时，您还可以了解到制作冰棒和刨冰的简便方法。

Ice cream

用保鲜袋制作冰激凌

没有冰激凌机也没关系！
为您介绍利用保鲜袋、冰块和盐快速制作冰激凌的方法。
也可以和孩子一起开心地动手制作。
请您在凉爽的地方制作，以防冰块融化。

Cool dessert
35
香草冰激凌

Cool dessert
36
樱桃奶酪冰激凌

香草冰激凌

通过这款香草冰激凌，您将了解用保鲜袋制作冰激凌的基本制作方法。使用不同的食材，可以享受到不同风味。

材料
（3～4人份）
蛋黄……2个
砂糖……50g
牛奶……160mL
鲜奶油……100mL
香草荚……1/2根
冰……1kg（制冰盒大约4盒的量）
盐……8大勺
★另准备1盒冰块备用。

准备
· 香草荚取出籽（p6）。

1 制作冰激凌液

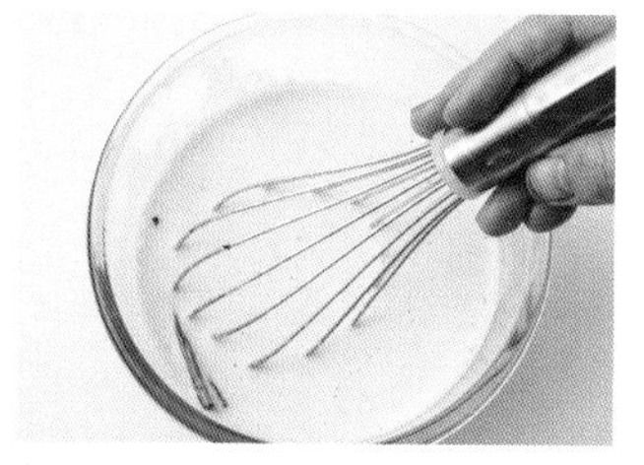

将蛋黄放入耐热碗里，用打蛋器打散。将砂糖、牛奶、鲜奶油、香草荚和香草籽依次放进碗里，每次都搅拌均匀。

2 用微波炉加热

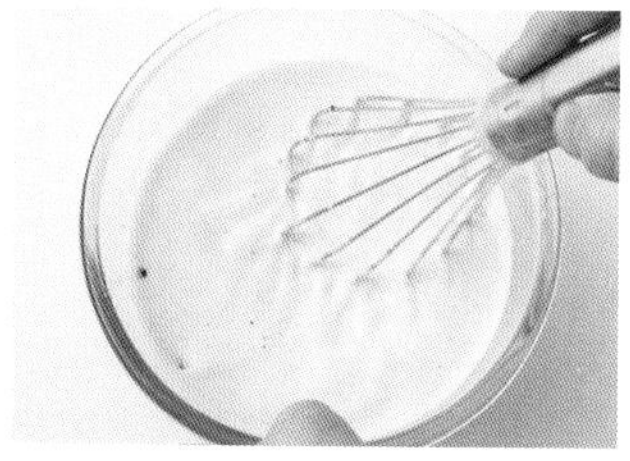

将 1 放进 600W 的微波炉里加热 1 分钟，取出搅拌混合，再加热 50 秒，并充分搅拌。

3 过滤并冷却

用网眼细小的过滤网把 2 过滤到碗里，并把碗底放在冷水里冷却。

4 放入保鲜袋中

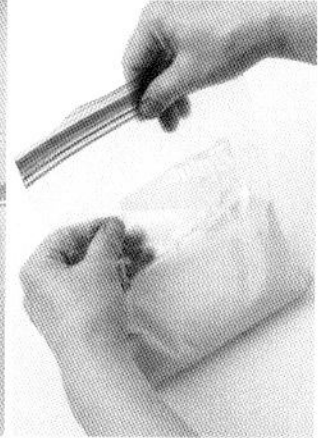

把 3 放进有拉链封口的保鲜袋里，挤压出全部空气，然后封口。

5 摇晃

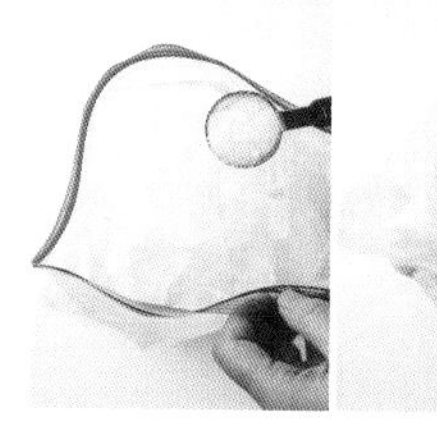

将冰块和盐放进较大的拉链保鲜袋里，搅拌混合，再把 4 也放进去，封上袋子。戴上手套，像上面的右图一样摇晃袋子 7 ～ 10 分钟。

★保鲜袋温度很低，请一定要戴手套。摇的过程中如果冰块融化变少，冰激凌不容易凝固，就倒掉水，再加进备用的冰块和 2 大勺盐（额外的材料）。

6 完成

当冰激凌凝固到喜欢的硬度时就做好了。喜欢稍微稀软一些的人直接盛到容器里就可以。喜欢硬一点的，就把冰激凌平铺在盒子里，放进冷冻室冷冻 1 小时以上。

★打开保鲜袋时，为防止粘在袋子封口的盐混进冰激凌里，口感变咸，请把袋子封口擦干净再打开。

樱桃奶酪冰激凌

奶油奶酪和樱桃的加入，让这款冰激凌充满了浓郁醇厚的口感。

材料

（3 ～ 4 人份）

蛋黄……2 个
砂糖……50g
牛奶……180mL
奶油奶酪……80g
美国樱桃（罐头）……80g
冰……1kg
盐……8 大勺

准备

- 将奶油奶酪在室温下放软。将樱桃擦干，用刀切成 4 等份。

1. 按照香草冰激凌（左侧所示）的 1 ～ 2 的步骤要点，把蛋黄打散，依次加入砂糖、牛奶（不加鲜奶油、香草荚），搅拌均匀。放进 600W 的微波炉中加热 1 分钟，之后搅拌混合，再加热 50 秒，并搅拌均匀。
2. 将奶油奶酪放进碗里，把 1 少量多次倒进碗里，用打蛋器搅拌均匀，并用网眼细小的过滤网过滤。放进樱桃搅拌，将碗底放进冷水中搅拌冷却。
3. 按照香草冰激凌步骤 4 ～ 6 的要点，把冰激凌液放进有拉链的小保鲜袋封好，然后放入冰块和盐的有拉链的大保鲜袋里，摇晃 7 ～ 10 分钟。凝固到喜欢的程度时，冰激凌就做好了。

Point →

把冰激凌液少量多次倒进奶油奶酪里，为了能均匀混合，每加一次都搅匀调开。

巧克力冰激凌

既能享受到冰激凌在口中融化时的顺滑口感，又可以品尝到巧克力的浓厚醇香。

材料
（3～4人份）
蛋黄2个，砂糖20g，牛奶160mL，鲜奶油100mL，巧克力（排块）60g，冰块1kg，盐8大勺
★另准备1盒冰块备用。

1 按照香草冰激凌（p53）的1～2的步骤要点，把蛋黄打散，依次加入砂糖、牛奶、鲜奶油（不加香草荚），每次都搅匀。然后将其放进600W的微波炉里加热1分钟，搅拌混合，再加热50秒，并搅拌均匀。

2 把巧克力放进1，用打蛋器搅匀，然后用网眼细小的滤网过滤。把碗底泡入冷水中，搅拌使其冷却。

3 按照香草冰激凌（p53）4～6的步骤要点，把2放进有拉链的小保鲜袋封好，然后放入冰块和盐混合好的有拉链的大保鲜袋里，摇晃7～10分钟。凝固到喜欢的程度时，冰激凌就做好了。

Point →

推荐使用做甜点专用的纽扣状巧克力。如果使用板状巧克力要先将它切碎后再用。

焦糖冰激凌

混合了微苦、浓厚醇香的焦糖奶油味的高级冰激凌。

材料
（3～4人份）
焦糖奶油（砂糖50g、鲜奶油80mL），牛奶200mL，蛋黄2个，砂糖40g，冰块1kg，盐8大勺
★另准备1盒冰块备用。

准备
焦糖奶油按照焦糖汁（p37）的要点，把砂糖加热到深黄褐色，加入鲜奶油代替热水。

1 将焦糖奶油放进碗里，把牛奶少量多次倒进去，用打蛋器搅匀调开。

2 将蛋黄放进耐热碗里打散，加入砂糖后搅拌均匀。把1少量多次加入碗里，并用打蛋器搅拌混合。放进600W的微波炉里加热1分钟，搅拌混合，再加热30秒，并搅拌均匀。

3 把2用网眼细小的滤网过滤到碗里，把碗底放在冷水里搅拌使其冷却。

4 按照香草冰激凌（p53）4～6的步骤要点，把冰激凌液放进有拉链的小保鲜袋封好，再放入冰块和盐混合好的大保鲜袋，摇晃7～10分钟。凝固到喜欢的程度时，冰激凌就做好了。

香蕉冰激凌

这款冰激凌可以品尝到手工制作特有的温和甘甜和清新的香蕉风味。

材料

（3～4人份）

成熟香蕉（净重）150g，柠檬汁1小勺，A（牛奶、鲜奶油各80mL，炼乳30g），冰1kg，盐8大勺

★另准备1盒冰块备用。

1. 将香蕉和柠檬汁放进碗里，用叉子的背面把香蕉捣烂，然后加入A组食材，搅拌混合。
2. 按照香草冰激凌（p53）4～6的步骤要点，把冰激凌液放进有拉链的小保鲜袋封好，再放入冰块和盐混合好的大保鲜袋，摇晃7～10分钟。凝固到喜欢的程度时，冰激凌就做好了。

Point →

将香蕉用叉子背面细细捣烂，加入浓香的牛奶，充分搅拌。

牛油果冰激凌

用食物搅拌机混合这些食材即可！制作简单方便。

材料

（4～5人份）

成熟牛油果（净重）200g（约2个），柠檬汁2小勺，蜂蜜50g，纯酸奶80g，牛奶120mL，冰1kg，盐8大勺

★另准备1盒冰块备用。

1. 将牛油果切成1cm厚的小块，和柠檬汁、蜂蜜一起放进搅拌机里搅拌，然后加进酸奶和牛奶，继续搅拌。
2. 按照香草冰激凌（p53）4～6的步骤要点，把冰激凌液放进有拉链的小保鲜袋封好，再放入冰块和盐混合好的大保鲜袋，摇晃7～10分钟。凝固到喜欢的程度时，冰激凌就做好了。

Point →

将牛油果和柠檬汁、蜂蜜混合好后，加入酸奶、牛奶继续搅拌直到顺滑，冰激凌液就做好了。

Sherbet

用保鲜袋制作果子露

不用冰箱，只用保鲜袋、冰块和盐就可以制作出简单果子露！
可以很快做出类似意式冰激凌的顺滑口感。请您在凉爽的地方制作，以防冰块融化。

Cool dessert
43
白桃酸奶果子露

Cool dessert
42
玫瑰果洛神花茶果子露

Cool dessert
41
猕猴桃果子露

猕猴桃果子露

这款果子露口感绵密，
还可以品尝到新鲜猕猴桃的甘甜。

材料
（3～4人份）

水……100mL
砂糖……50g
猕猴桃（净重）……200g（约2个）
柠檬汁……1大勺
冰……1kg
盐……8大勺

1 制作糖浆

将水和砂糖放进锅里，开中火加热搅拌，把糖熔化，之后倒进碗里冷却。

2 制作果子露液

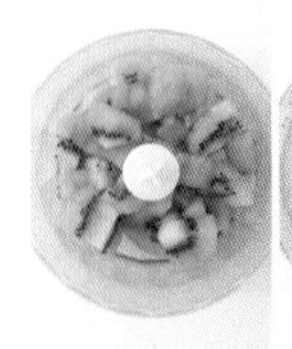

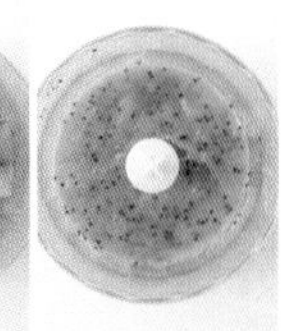

将猕猴桃去皮切成大块，与柠檬汁一起放进搅拌机或料理机里搅拌，之后倒进1，并用打蛋器搅拌。

3 放入保鲜袋中摇晃

把2倒进可密封的保鲜袋里，挤压掉全部空气，封上口，然后放入混合好冰块和盐的大保鲜袋里，封上袋子。戴上手套摇晃7～10分钟，使果子露液全部都贴上冰。

★保鲜袋温度太低，请务必戴上手套。

4 完成

凝固到喜欢的程度时，就完成了。

★打开保鲜袋时，为防止粘在袋子封口的盐混进冰激凌里，口感变咸，请把袋子封口擦干净再打开。

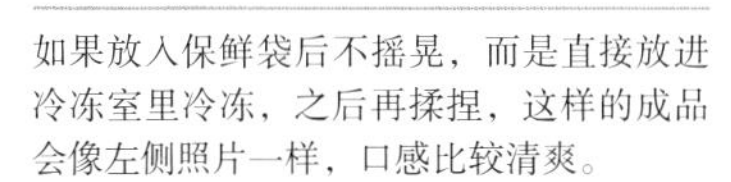

变化一下

如果放入保鲜袋后不摇晃，而是直接放进冷冻室里冷冻，之后再揉捏，这样的成品会像左侧照片一样，口感比较清爽。

玫瑰果洛神花茶果子露

清爽的花草茶，更适合搭配蜂蜜享用。

材料
（3～4人份）

香草茶（玫瑰果洛神花茶的茶包）2袋，热水300mL，蜂蜜15g，砂糖40g，冰1kg，盐8大勺

玫瑰果洛神花茶

这款花茶的亮点是恰到好处的酸味和水果的香味。饮用后还有一定的美容功效。

1. 将茶叶放进碗里，倒入热水，然后封上保鲜膜，静置5分钟。用滤茶网过滤，并用勺子按压茶叶，把茶水全部过滤干净。碗中加入蜂蜜和砂糖，化开后把碗底泡入冷水中，搅拌使其冷却。
2. 按照上面的猕猴桃果子露3～4的步骤要点，把1放进有拉链的小保鲜袋封好，再放入冰块和盐混合好的大保鲜袋，封好口后摇晃7～10分钟。凝固到喜欢的程度时，果子露就做好了。

白桃酸奶果子露

果香白桃搭配酸奶会有适宜的酸味。

材料
（3～4人份）

白桃（罐头）200g，纯酸奶70g，牛奶70mL，白桃糖浆2大勺，蜂蜜10g，冰1kg，盐8大勺

1. 将150g白桃放进搅拌机里搅拌，再加入酸奶、牛奶、白桃罐头的糖浆和蜂蜜，继续搅拌。将剩下的白桃切成1cm的小丁。
2. 按照上面的猕猴桃果子露3～4的步骤要点，把1放进有拉链的小保鲜袋封好，再放入冰块和盐混合好的大保鲜袋，封好口后摇晃7～10分钟。凝固到喜欢的程度时，果子露就做好了。

Ice candy

冰棒

流行的冰棒通过混合食材即可简单做成，在家中就可以轻松自制。我们将向您介绍即使没有专用的模具，用纸杯也可以做出的冰棒。

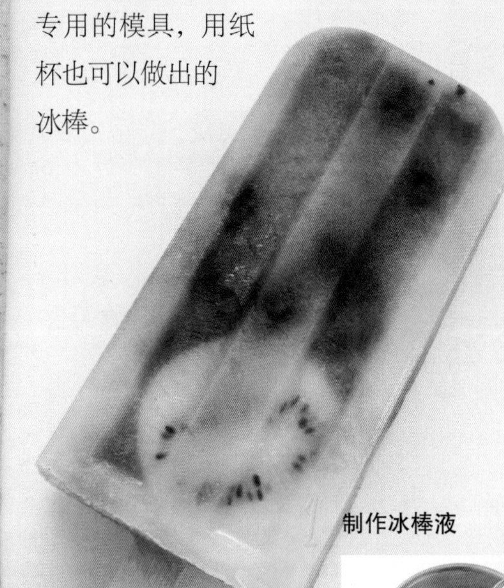

Cool dessert

44

混合水果冰棒

看起来多彩缤纷的混合水果冰棒，添加了甜橙汁，制作轻巧简单。对于水果，可以用自己喜爱的替换 。

材料

（80mL 的冰棒模具，6 根）

猕猴桃……1 个

甜橙汁……300mL

蜂蜜……2 小勺

混合莓果（冷冻）……80g

1 制作冰棒液

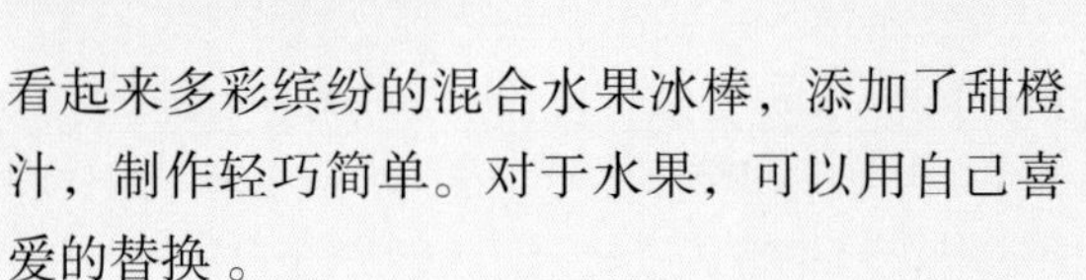

将猕猴桃去皮后切成 5mm 厚的薄片，准备 6 片。将果汁和蜂蜜放进碗里，用打蛋器充分搅拌。

2 食材放进模具里

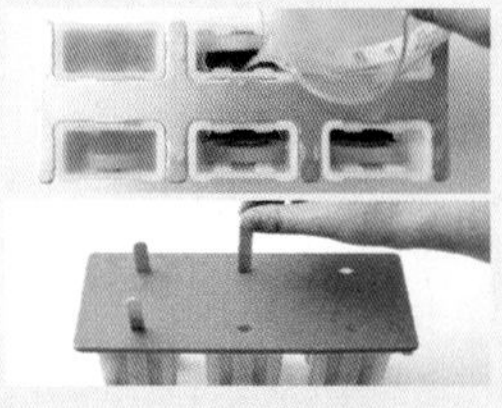

将混合莓果等量放进冰棒模具里，然后放入猕猴桃片，尽量让猕猴桃片贴着外侧。把 1 等量倒进模具里，插上冰棒棍。

★如果没有专用模具，用纸杯也可以（具体参照下一页）。

3 用模具冷冻好后取出

将 2 放入冷冻室里冷冻 4 小时以上，冻好后把模具在热水里快速泡一下，然后取出冰棒。

冰棒模具　使用喜爱的模具和制冰盘，享受各种各样的形状。

这款是自带冰棒棍的菱形冰棒模具。硅胶材质，方便取出。

这款制冰盒是可爱的企鹅形状。你还可以用立方块或爱心等喜欢的形状来制作冰棒。

棒棒糖一样的外表非常可爱。用这样的冰块模具可以做出糖果形状的冰棒。

Cool dessert

45

椰子凤梨冰棒

带有椰奶香的热带风味。用巧克力稍微一装饰就很可爱。

材料（80mL 的冰棒模具，6 根）

凤梨（净重）100g，A（椰奶 160mL，牛奶、鲜奶油各 80mL，砂糖 25g），装饰材料（巧克力 30g、椰蓉适量）

1. 将凤梨去皮和硬芯后，准备好用量，先切成 2 片 5mm 厚的凤梨片，再分别切成 6 等份。把 A 组食材放进碗里搅拌，把糖熔化。
2. 贴着冰棒模具外侧各放入 2 片凤梨，把 1 等量倒进模具里，插上冰棒棍。
3. 按照混合水果冰棒（p58）的 3 的步骤要点，将 2 放进冰箱冷冻 4 小时以上，之后从模具里脱模取出放到盒子里，并放回冰箱冷冻。将巧克力用水浴法（p47）融化后，用勺子像描线一样淋到冰棍上，然后马上撒上椰蓉。

Cool dessert

46

西瓜冰棒

享受西瓜的温柔甜蜜。添加了当作西瓜籽的巧克力豆，口感更丰富。

材料（80mL 的冰棒模具，6 根）

西瓜（净重）370g，砂糖 30g，鲜奶油 60mL，巧克力豆 30g

1. 将西瓜去籽后准备好需要用的果肉，切碎后放进碗里，加入砂糖搅拌。待砂糖溶解后加入鲜奶油搅拌，然后放入巧克力豆搅匀。
2. 把 1 等量倒进模具里，插上冰棒棍。
3. 按照混合水果冰棒（p58）的 3 的步骤要点，放进冰箱冷冻 4 小时以上，冻好后从模具里脱膜取出。

没有模具也可以！用纸杯制作冰棒

用纸杯可以轻松制作冰棒。

把食材放进纸杯中，杯子放在托盘上。在纸杯上面如右图所示，摆上 4 根折成适当长度的木筷子，固定好冰棒棍。从木筷子的缝隙里倒入冰棒液，然后把整个托盘放进冰箱冷冻凝固。

Shaved ice

刨冰

夏天是清凉冰爽的刨冰的季节。从经典的草莓刨冰到流行的台湾刨冰，为您介绍可以在家里快乐享用的刨冰。

家用刨冰机器　有手动款、电动款等多种可以调整碎冰样式的机器，您可以根据喜好选择适合的类型。

夏天非常流行的刨冰器。一台可以在家自制各种各样刨冰的机器。

电动刨冰机

有一个开关，可以简单地搅碎冰块的刨冰机。因为是自动款，所以用起来轻松方便。从绵密细腻的冰到口感松脆的冰都可以做出来，推荐使用可以调整碎冰口的刨冰机。

手动刨冰机

通过转动手柄搅碎冰块。因为需要人工用力，所以比电动款的价格便宜。附带制冰杯，可放入碎冰操作，使用方便。

草莓刨冰

最具人气的草莓刨冰，制好淋上细腻浓稠的自制糖浆，就能做出和刨冰店一样的口感。

材料
（便于制作的量）

草莓糖浆
- 草莓……250g（约 1 盒）
- 砂糖……125g
- 柠檬汁……1 大勺

冰……适量

★将草莓糖浆做出便于制作的量。放在干净的瓶里，可冷藏保存一周。

1 混合草莓和砂糖

将草莓去蒂后，把小草莓切成两半，大草莓切成四块。放进碗里，再加入砂糖、柠檬汁，搅拌均匀，静置约 1 小时。

2 熬煮

将草莓和析出的汁全部倒进锅里，开中火加热汤汁，稍微沸腾一下。然后调成小火，撇去浮沫再熬煮 10 分钟左右。

3 过滤

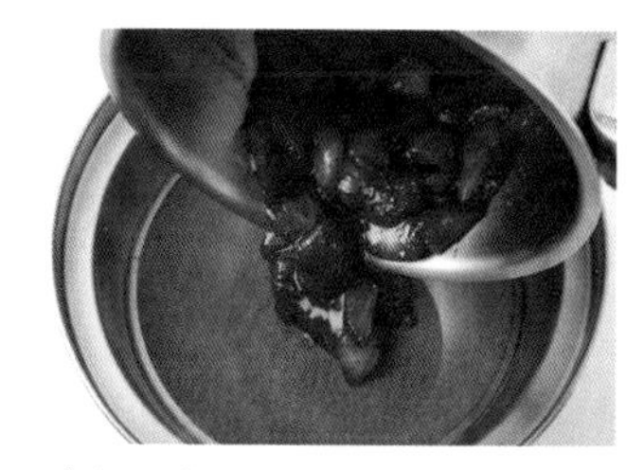

煮好后将 2 用网眼细小的滤网过滤到碗里。

4 淋在刨冰上

把冰块放进机器里搅碎，淋上适量草莓汁。根据喜好装饰上适量草莓（额外的材料）。

多样的刨冰装饰　装饰上喜爱的东西，制作自己专属的刨冰！参考图片推荐的装饰物，尽情享受吧！

白玉团子（p75）　栗子甘露煮　煮红豆　混合水果罐头

焙茶刨冰

将芳香浓郁的焙茶冷冻后做成刨冰，
再淋上姜汁撞奶即可享用。

材料

（220mL 的制冰杯，2 杯）

焙茶茶叶……5 大勺

热水……400mL

白玉团子（p75）……适量

糖渍豆、栗子甘露煮……各适量

姜汁撞奶……适量

准备

白玉团子按照 p75 的步骤要点，制作备好。

姜汁撞奶

将水 80mL、牛奶 20mL、砂糖 20g、炼乳 40g、碎姜 1 小勺一起放进锅里，开中火加热，搅拌混合，把糖熔化。然后调成小火加热，边搅拌边熬煮约 3 分钟。煮好后用滤网过滤，并用勺子紧紧按压生姜，全部过滤干净。等余热消除后，放入冰箱里冷却。

★放在干净的保鲜瓶里，可冷藏保存一周。

1. 将焙茶茶叶放进碗里，倒入热水，封上保鲜膜，焖十分钟。然后用细网眼的滤网，把茶汁过滤到碗里。
2. 将碗底放在冷水里，搅拌使其冷却。然后等量倒进刨冰器专用的制冰杯里，放进冰箱冷冻凝固。
3. 将冰制好后放进机器里搅碎，像左图一样放上装饰，淋上姜汁撞奶。

Point →

把焙茶完全泡开焖好，泡出茶叶精华，然后过滤掉茶叶。

将焙茶汁倒进制冰杯里时，一定冷却后再倒入。

Cool dessert

49

台湾风炼乳杧果刨冰

用炼乳液和杧果制作炼乳冰，在家里就可以品尝到口感顺滑的台湾刨冰。

材料

（220mL 的制冰杯，2 杯）

杧果（净重）……50g（约 1/4 个杧果）

炼乳……100g

水……200mL

杧果糖浆……适量

椰蓉……适量

杧果糖浆

准备 150g 去皮、去果核的杧果（约 3/4 个），切成 5mm 见方的小丁，放进碗里，加入砂糖 75g 和 2 小勺柠檬汁，搅拌均匀。静置 1 小时左右，析出果汁。把杧果和果汁一起放进锅里，加 2 大勺水，开中火加热，熬煮的同时撇去浮沫，加热到黏稠状。等余热消除后，放入冰箱里冷藏。

★放在干净的保鲜瓶里，可冷藏保存一周。

---

1. 根据需要将杧果去皮，切成 1 ～ 2cm 的小丁，等量放进刨冰器专用的制冰杯里。混合好炼乳和水，并将其等量倒入杯中，然后放进冰箱冷冻凝固。
2. 将做好的冰块放进机器里搅碎，最后淋上杧果糖浆，放上椰蓉即可。

Point →

也可以将杧果放进制冰杯里，倒入炼乳液后，放进冰箱冷冻凝固。

Cool
dessert
column

让刨冰更加美味！

多种多样的刨冰糖浆

制作自制糖浆，让刨冰更有趣味！
因为可以预制，所以提前储存几种喜欢的糖浆，用的时候很方便。

甜瓜薄荷糖浆

材料（便于制作的量）

甜瓜（净重，约1/2个）200g，砂糖80g，柠檬汁1小勺，水50mL，薄荷10片

1. 将甜瓜去皮和籽，准备好需要用的量，切成1cm的小块。将甜瓜和砂糖、柠檬汁一起放进锅里，搅拌均匀，静置1小时析出果汁。
2. 把1倒进锅里，开中火熬煮至快沸腾时，调成小火，一边撇去浮沫一边煮熟。等余热消除后，与薄荷一起放进搅拌机里打碎。做好后倒进保鲜瓶里，放在冰箱冷藏。

西柚糖浆

材料（便于制作的量）

西柚（净重，约1个）200g，砂糖80g，柠檬汁1小勺

1. 将西柚去掉外皮和里皮，取出果瓤（参考p13甜橙的处理），分成4等份。这里使用的是红心西柚。
2. 将1和剥西柚时渗出的果汁、砂糖、柠檬汁一起放进锅里，开中火熬煮至快沸腾时，调成小火，一边撇去浮沫一边煮熟。等余热消除后，倒入保鲜瓶里，放在冰箱冷藏。

洋甘菊茶糖浆

材料（便于制作的量）

洋甘菊茶10g，热水200mL，砂糖80g，蜂蜜1大勺，柠檬汁1/2小勺

1. 将洋甘菊茶叶放进碗里，倒入热水，封上保鲜膜，焖5分钟。用滤茶网把茶汁过滤到另一个碗里，用勺子紧紧按压茶叶，把茶水全部过滤干净。
2. 把砂糖、蜂蜜放进1，用打蛋器搅拌，使砂糖溶解。等余热消除后，加入柠檬汁，搅拌均匀。然后倒入保鲜瓶里，放在冰箱冷藏。

抹茶糖浆

材料（便于制作的量）

抹茶1大勺，砂糖100g，热水100mL

1. 在碗中放入抹茶和砂糖，用打蛋器充分搅拌。
2. 少量多次地倒入热水，搅拌均匀，然后用滤茶网过滤。等余热消除后，倒入保鲜瓶里，放在冰箱冷藏。

蓝莓糖浆

材料（便于制作的量）

蓝莓（冷冻）200g，砂糖40g，枫糖浆40g，柠檬汁2小勺

1. 将所有材料放进锅里，用硅胶刮刀搅拌混合，静置1小时解冻蓝莓，析出水分。
2. 开中火加热，熬煮到快沸腾，调成小火，一边撇除浮沫一边煮熟。等余热消除后，用搅拌机打碎，最后倒入保鲜瓶里，放在冰箱冷藏。

柚子糖浆

材料（便于制作的量）

水100mL，砂糖80g，蜂蜜2小勺，柚子汁2大勺

1. 将水、砂糖、蜂蜜放进锅里，开中火加热并搅拌混合，把砂糖熔化。
2. 关火，等余热消除后，加入柚子汁。最后倒入保鲜瓶里，放在冰箱冷藏。

★全部糖浆都可以在干净的保鲜瓶里冷藏保存一周。

Part 4

冰激凌蛋糕、日式冷甜点

从经典款的冰激凌蛋糕、提拉米苏、雷亚芝士蛋糕，到使用日式食材的豆沙水果凉粉、蕨饼等日式冷甜点，一一为您呈现绝对不会错的人气单品。请您尝试制作自己喜欢的甜点吧！

Cold cake

冰激凌蛋糕

向您介绍凉爽美味又深受大家喜爱的经典蛋糕。
无须烤箱，仅需叠加食材即可轻松做成。
尽情分享美味吧！

Cool dessert

50

提拉米苏

在浸泡了微苦咖啡糖浆的饼干上，堆叠着醇厚顺滑的奶油和樱桃酱，高级的提拉米苏就做好了。

材料

（15cm×17cm×6cm 或容量 1300mL 的盒子，1 个）

蛋黄……2 个

砂糖……30g

马斯卡彭奶酪……160g

鲜奶油……80mL

蛋白霜

- 蛋清……1 个
- 砂糖……20g

手指饼干……17 根

咖啡糖浆

- 水……80mL
- 砂糖……40g
- 速溶咖啡……2 小勺
- 甘露咖啡力娇酒……2 小勺

糖渍樱桃……全部

美国樱桃、可可粉……各适量

准备

- 按下述要点制作好糖渍樱桃。
- 制作咖啡糖浆。将水和砂糖放进锅里煮沸，把糖熔化后，加入速溶咖啡和甘露咖啡力娇酒，搅拌均匀。
- 将蛋清放进冰箱里冷藏。
- 将鲜奶油打发到六分发（p6），放入冰箱里冷藏。

Check!

马斯卡彭奶酪

原产于意大利北部的新鲜奶酪。特点是口感顺滑、浓郁、醇厚。

糖渍樱桃

将樱桃切两半，去掉果核，准备 300g 果肉。准备红葡萄酒、水各 100mL，砂糖 50g，将它们放入锅里，开中火加热，用硅胶刮刀搅拌混合，把糖熔化。煮沸后放入樱桃，盖上料理纸，调成小火熬煮 10 分钟直到全部沸腾，常温下冷却。

---

1 混合蛋黄和砂糖

用打蛋器把蛋黄打散，加入砂糖，搅打到变白。

2 加入奶酪和鲜奶油

往 1 里依次加入马斯卡彭奶酪和鲜奶油，每加一次都用打蛋器搅拌均匀。

3 制作蛋白霜

往蛋清里加入约 1/3 的砂糖，用电动打蛋器或手动打蛋器打发。等不断出现泡泡时，剩下的砂糖加入一半，打发。再起泡时，加入剩下的砂糖，继续打发。

4 混合奶油和蛋白霜

打出明显角立、有色泽的蛋白霜时，把蛋白霜分两次加入 2，每加一次都用硅胶刮刀搅拌混合。

5 叠加食材

如图所示，把饼干浸在咖啡糖浆里，并铺满一层，上面摆满糖渍樱桃。倒入一半的 4，用硅胶刮刀抹平表层。将剩下的饼干、樱桃、奶油蛋白霜也依次叠加上去。

6 冷却后撒上可可粉

将 5 放进冰箱里冷藏 2 小时以上，再用筛网撒上可可粉，装饰上樱桃。

雷亚芝士蛋糕

无须模具，用盒子就可轻松完成最具人气的雷亚芝士蛋糕。
绵密、像奶油一样柔软的蛋糕，用勺子挖着即可享用。

Cool dessert

51

材料

（14.5cm×20.8cm×4.4cm 的盒子，1 个）

饼干……80g
无盐黄油……30g
奶油奶酪……200g
砂糖……40g
纯酸奶……50g
柠檬汁……1 小勺
柠檬皮碎……1/2 个
吉利丁粉……3g
水……1 大勺
鲜奶油……100mL

准备

- 把吉利丁粉撒入水中，放入冰箱泡发。（p6）
- 将奶油奶酪在室温下放软。
- 将黄油放入耐热容器里，封上保鲜膜，用 600W 的微波炉加热约 30 秒，熔化好。
- 将鲜奶油打发到六分发（p6），放入冰箱冷藏。

1 捣碎饼干

把饼干放进保鲜袋里，用擀面棒把饼干碾碎。

2 加入黄油

把饼干碎放进碗里，加入熔化的黄油，用硅胶刮刀搅拌混合。

3 在盒子里铺满饼干

把 1 铺在盒子里，盖上保鲜膜，用手紧紧按压，使饼干碎在盒子里铺满不留缝隙。之后拿掉保鲜膜。

4 制作奶糊

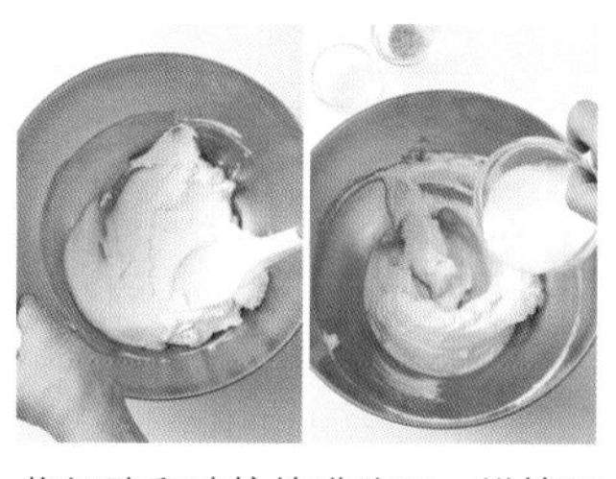

将奶酪和砂糖放进碗里，搅拌至顺滑。然后加入酸奶，用打蛋器搅拌至结块消失。再加入柠檬汁和柠檬皮碎，继续搅拌均匀。

5 混合奶糊和吉利丁液

将泡发好的吉利丁放入耐热碗里，用 600W 的微波炉加热 20 秒后熔化。用打蛋器搅起一点 4 的奶糊到吉利丁液里，充分搅拌，然后倒回 4 的碗里，搅拌均匀。

6 混合鲜奶油

鲜奶油分两次加入 5 中，每加一次都用硅胶刮刀搅拌均匀。

7 倒入盒中，凝固

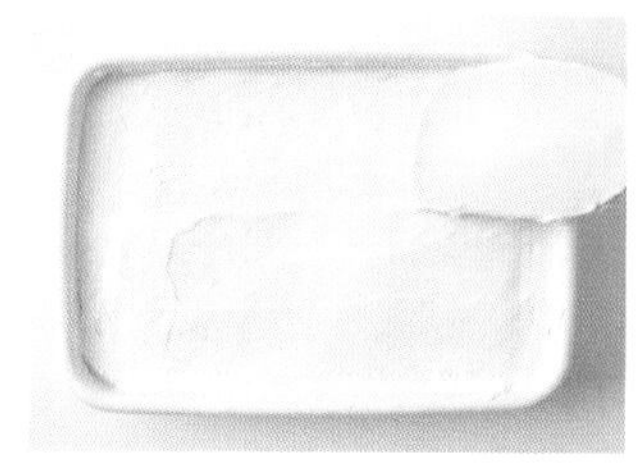

把 6 倒入盒中，用硅胶刮刀把表面抹平整，放进冰箱冷却凝固 2 小时以上。

Wa-cool dessert

日式冷甜点

将日式食材做成冷食甜点。
为您介绍温和甘甜而又芳香的日式风味的凉爽甜点。

Cool dessert

52

南瓜羹

入口顺滑的口感和质朴的甘甜，正是日式甜点的魅力所在。如果担心不容易从盒子里取出，可以先在盒子里铺上保鲜膜再倒入南瓜羹。

材料

（14.5cm×20.8cm×4.4cm 的盒子，1个）

南瓜（净重）……300g

水……200mL

寒天粉……4g

蔗糖……50g

盐……一小撮

蜂蜜……1 小勺

1 加热南瓜

将南瓜去掉皮和籽，准备好需要的用量，切成 1cm 厚的小块泡在水里。放进耐热碗里，加入 60mL 的水（额外的材料），松松地封上保鲜膜。用 600W 的微波炉加热8分钟，然后静置5分钟。

2 用筛网过滤

把 1 去掉保鲜膜，用细网眼的滤网过滤掉水分。

3 熔化寒天粉

将水和寒天粉放进锅里，开中火加热，用硅胶刮刀搅拌。稍微煮沸后调成小火，加热2分钟左右，搅拌均匀。

4 提升甜味

将蔗糖和盐放进锅里，熬煮熔化，再加入蜂蜜，搅拌混合。

5 在南瓜里加入寒天液

将 4 少量多次地倒入 2，充分搅拌。

6 倒入盒中

混合好后倒入盒中，抹平表面。待余热消除后放进冰箱里 2 小时以上，冷却凝固。食用时切成便于食用的大小，盛入盘子里。

乌龙茶蕨饼

散发着芳香的乌龙茶风味的蕨饼。清凉爽滑的口感大受欢迎。

材料

（14.5cm×20.8cm×4.4cm 的耐热盒，1个）

乌龙茶……220mL

蕨粉……50g

砂糖……40g

黄豆粉、黑糖蜜（购买或按下述制作）……各适量

★对于乌龙茶，用市场上购买的瓶装或罐装的都可以。

黑糖蜜

将水、黑砂糖（粉末）各50g放进锅里，开中火加热。快煮沸时调成小火，一边搅拌，一边熬煮4～5分钟。

1. 准备好乌龙茶需要用的分量。把乌龙茶少量多次倒入混合好蕨粉和砂糖的碗里，充分搅拌防止结块。
2. 将做好的汤汁倒进锅里，开稍弱的中火加热，同时用硅胶刮刀搅拌。开始结成大块时，继续搅拌混合1分钟，然后关火。
3. 用水把耐热盒内部擦一下，倒入2。然后用蘸湿的硅胶刮刀把表面抹平整，放在室温下冷却凝固。从盒子里取出蕨饼，切成喜欢的大小，盛在盘子里，撒上黄豆粉并淋上黑蜜。

Point →

像照片一样充分搅拌，直到出现黏糯和透明感，然后倒进耐热盒里。

芝麻奶冻

通过这款口感弹牙的清凉甜点，可以品尝到芝麻的芳香和醇厚的口感。

材料

（130mL 的容器，4 个）

牛奶……250mL

鲜奶油……80mL

砂糖……40g

炒芝麻（白芝麻）……30g

吉利丁粉……5g

水……20mL

准备

· 把吉利丁粉撒入水中，放入冰箱泡发。（p6）

1. 将牛奶、鲜奶油、砂糖、芝麻放进锅里，开中火加热，加热到快煮沸时，关掉火。盖上盖子焖 5 分钟。
2. 把泡发好的吉利丁放进 1，充分搅拌混合，熔化吉利丁。用细网眼滤网过滤到碗里，用勺子紧紧按压留在滤网上的芝麻，全部过滤干净。
3. 把 2 的碗放在冷水里，搅拌使其冷却，直至稍微变黏稠。
4. 将其等量倒入容器中，放进冰箱冷藏 2 小时以上。

Point →

和牛奶一起熬煮过的芝麻，最后要全部过滤干净，把芝麻和牛奶的香味都压挤出来。

冷食年糕小豆汤

只需用水化开豆沙即可，轻松简单！把白玉团子放在上面，开始享用吧！

材料

（4～5人份）

豆沙 200g，盐一小撮，水 280mL，白玉团子（p75）适量

准备

・准备白玉团子。按照下一页的制作要点，做出自己喜欢的样子。

1. 将豆沙和盐放进碗里，少量多次加水，慢慢搅拌调开。放进冰箱里冷藏 1 小时以上。
2. 将其等量倒进容器里，加入白玉团子。

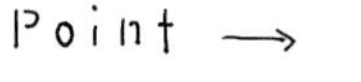

为了不让豆沙结块，要一点点加水，慢慢化开。

柚子寒天凉粉

在经典款寒天里添加了清爽的柚子香。混合喜爱的食材，尽情享用吧！

材料

（4～5人份）

柚子寒天（水 350mL、寒天粉 3g、砂糖 35g、柚子汁 2 小勺、柚子皮碎 1/2 个柚子的量），白玉团子（p75），糖渍豆、杏干各适量，白糖蜜（购买或按下述制作）适量

★装饰品可用煮红豆、红豆馅或橘子、凤梨等酸味水果，都很美味。
★将柚子寒天准备出便于制作的量。柚子用青柚子或者黄柚子都可以。

准备

・准备白玉团子。按照下一页的制作要点，做出自己喜欢的样子。

白糖蜜

将水、砂糖各 50g 放进锅里，开中火加热。加热到快煮沸时调成小火，一边搅拌一边熬煮 4～5 分钟。

1. 锅里放进水和寒天粉，一边中火加热一边搅拌。稍微沸腾后调成小火搅拌 2 分钟左右，放入砂糖，熬煮熔化。
2. 关火，加入柚子果汁和柚子皮屑搅拌。把锅底放进冷水里，搅拌使其冷却。稍微变黏稠后，倒进盒子里（14.5cm×20.8cm×4.4cm）。等余热消除后，放进冰箱里冷藏 2 小时以上。
3. 把杏干用热水浸泡 10 分钟，泡发并擦干。将柚子寒天从盒子里取出，切成喜欢的大小，和装饰用的食材一起等量盛入盘中，淋上白糖蜜。

各种各样的白玉团子

黏糯的口感是亮点！直接吃，或者淋上黑蜜或黄豆粉，
或者搭配日式甜点或刨冰（p62），都很美味！
为您介绍混合了多样食材的各色白玉团子。

基本制作方法

黑芝麻白玉

可以享受黑芝麻的风味和白玉团子的口感。

材料
（约20个）
白玉粉……100g
炒芝麻（黑芝麻）……2小勺
水……90mL
★如果不加黑芝麻，就可以做出普通的白玉团子。

1 混合白玉粉和芝麻

把白玉粉和芝麻搅拌均匀。

2 加水搅拌

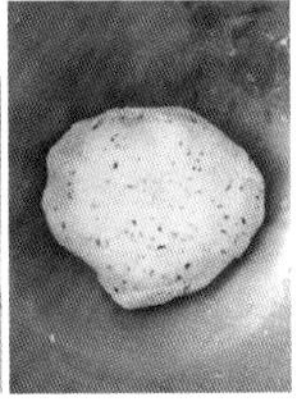

一点点加水，反复揉捏面团，直到面团像耳垂一样柔软。

★水用不完也可以。一边观察面团硬度一边加水，调整用量。

3 揉团子

从面团上取出一小块，放在手掌上揉成团。用手指按压团子中间，使中间稍微陷下去一些。

4 煮一下，再用冰水冷却

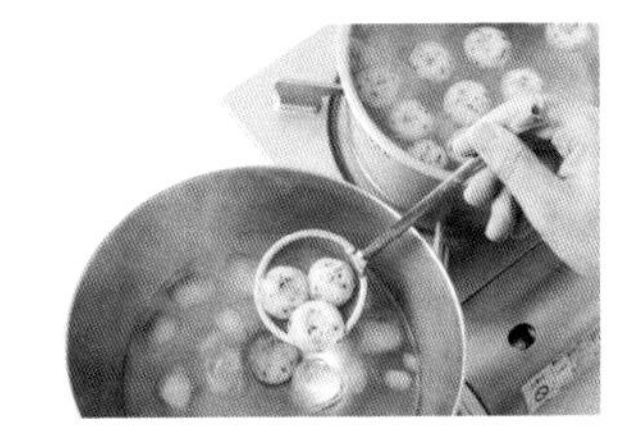

放进沸水里煮，等团子浮上来后，再继续煮1分钟左右，捞出放进冷水里冷却。

抹茶白玉

品尝到抹茶的微苦风味。

材料（约20个）
白玉粉……100g
抹茶粉……2小勺
水……100mL

1 按照黑芝麻白玉1～4的步骤要点，把黑芝麻换成抹茶制作即可。

樱花白玉

盐渍樱花做成的白玉风味别致。

材料（约20个）
白玉粉……100g
水……90mL
盐渍樱花……10片
★将盐渍樱花去掉花萼，在足量的水里（材料以外的水）浸泡1小时，去除盐分。

1 用厨房纸巾擦干盐渍樱花的水分，切碎。按照黑芝麻白玉1～4的步骤要点，把黑芝麻换成盐渍樱花制作即可。

不使用鸡蛋、乳制品、白砂糖

健康的冷食甜点

豆浆布丁

使用豆浆代替鸡蛋或牛奶制作而成。
淋上黄豆粉汁，增添浓郁风味。

Cool dessert

57

材料
（180mL 的玻璃杯，4 杯）
豆浆……500mL
蔗糖……70g
水……50mL
寒天粉……2g
黄豆粉汁……适量

1. 将除黄豆粉汁以外的食材全部放进锅里，用硅胶刮刀搅拌混合，开中火加热。沸腾后调成小火，一边搅拌一边加热 2 分钟左右。
2. 等 1 的余热消除后，将其等量倒进玻璃杯中，放进冰箱冷藏 2 小时以上。食用之前淋上黄豆粉汁。

黄豆粉汁

将黄豆粉 2 小勺、蔗糖 5g 和用筛网筛过的 1/2 小勺葛粉放进碗里，用打蛋器充分搅拌。将豆浆 80mL 一点点倒入碗里，搅拌均匀。之后倒进锅里，用硅胶刮刀拌匀，开小火熬煮到稍微变黏稠。加入 1 小勺蜂蜜搅拌，用滤网过滤到碗里，等余热消除后放进冰箱冷藏。

Point →

仅用锅熬煮食材就可以轻松完成布丁液。稍微冷却后倒入玻璃杯中，放进冰箱冷藏。

为您介绍几款不添加鸡蛋、乳制品、白砂糖的健康冷食甜点。
即使是担心过敏的大人和小孩子也可以放心食用。
温和的甜度对希望控制热量的人也很有吸引力。

猕猴桃椰奶布丁

椰奶风味和浓郁的猕猴桃很搭配。

材料

（14.5cm×20.8cm×4.4cm 的盒子，1个）

猕猴桃（净重）……100g（约1个）
椰奶……200mL
豆浆……100mL
寒天粉……2g
蜂蜜……40g

★如果椰奶的椰浆和椰汁分离了，要充分搅拌均匀。

1 将猕猴桃去皮，准备好需要的用量，切块后用搅拌机搅至顺滑。

2 锅里放进椰奶、豆浆、寒天粉，开中火加热，同时用硅胶刮刀搅拌。沸腾后调成小火，继续搅拌2分钟。关火后加入蜂蜜充分搅拌，然后把1放进锅里，搅拌均匀。做好后倒入盒中，等余热消除后，放进冰箱2小时以上，冷却凝固。

Point →

使用椰奶和豆浆代替牛奶制作布丁液。最后加入猕猴桃泥，搅拌均匀。

抹茶豆浆冰激凌

不添加牛奶和鸡蛋的冰激凌。亮点是添加了葛粉，做好的冰激凌细腻顺滑。

材料
（3～4人份）

抹茶……1大勺
葛粉……8g
蔗糖……70g
豆浆……350mL
冰块……1kg（约4盒制冰盒）
盐……8大勺
★另准备1盒冰块备用。

1. 在碗里放入抹茶、蔗糖和用筛网筛过的葛粉，用打蛋器充分搅拌。
2. 将豆浆倒进锅里，加热到快煮沸，然后少量多次倒进1的碗里，用打蛋器搅拌混合。
3. 把2倒回锅里，一边搅拌一边开小火加热。稍微变黏稠后，用细网眼的滤网过滤到碗里。碗底放在冷水里，搅拌使其冷却。然后按照香草冰激凌（p53）4～6的步骤要点，把冰激凌液倒进有拉链的小保鲜袋封好，再放到冰块和盐混合好的大保鲜袋里，摇晃7～10分钟。凝固到喜欢的程度时，冰激凌就做好了。

健康的食材

为您介绍代替鸡蛋、乳制品、白砂糖的健康的甜点材料。

椰奶

以椰子的白色果肉为原料制作的饮品。无添加，更放心。从料理到甜点，使用范围很广。

豆浆

用营养丰富的大豆制成，可以品尝到大豆的自然甜味。推荐只使用有机大豆做成的纯豆浆。

甜酒冰棒

不添加砂糖，而用甜酒提味。
醇香的甜酒和酸味的水果是绝配。

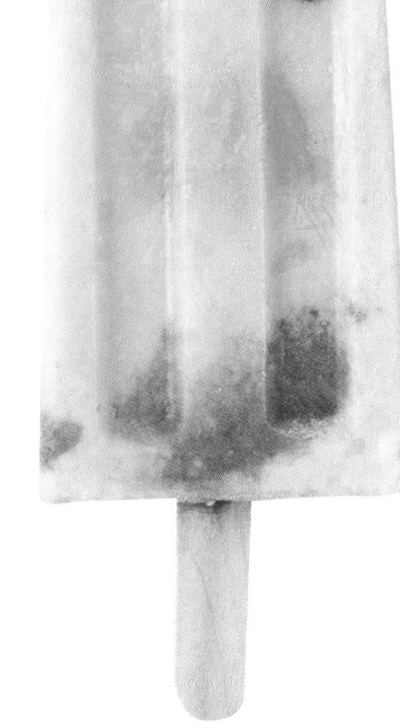

材料

（80mL 的冰棒模具，6 根）

草莓……3 颗

甜橙……6 瓣（约 1/2 个甜橙）

西柚……6 瓣（约 1/2 个西柚）

豆浆……240mL

甜酒……120g

1. 将草莓去蒂后竖切成两半。将甜橙、西柚都全部去皮，取出果瓤（p13），准备好需要的用量。把豆浆和甜酒倒进碗里，用硅胶刮刀搅拌均匀。
2. 把水果等量放进冰棒容器里，然后把豆浆甜酒等量倒进容器里，再插上冰棒棍。
3. 放进冰箱冷冻 4 小时以上，凝固后把模具在热水里快速蘸一下，再从模具里取出冰棒。

★没有冰棒模具的时候也可以用纸杯制作。

Point →

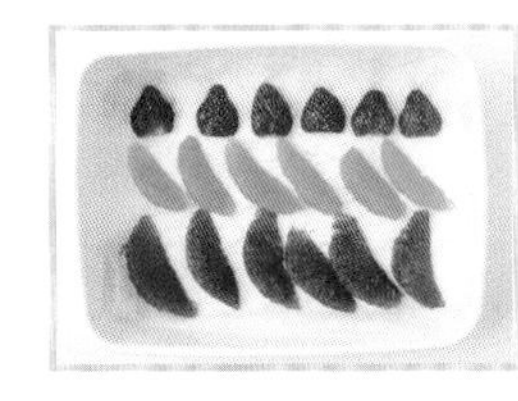

把水果放在厨房纸巾上，全部擦干。把甜酒加进豆浆里，增添自然的甜味。

甜酒

甜酒是用麦芽大米制成，不含酒精。可以品尝到自然的甜味和醇香风味。小孩子也可以放心食用。

葛粉

葛粉是用豆科植物葛根为原料精制而成。葛粉常用于制作和果子，也会用于烹饪中。

蔗糖

特点是风味质朴、自然甘甜，含有丰富的矿物质。

TITLE: [ゼリー,ムース,プリン,ひんやりスイーツがいっぱい!冷たいデザートの本]
BY: [下迫 綾美]
Copyright © 2016 Ayami Shimosako
Original Japanese language edition published by EI Publishing CO.,LTD.
All rights reserved. No part of this book may be reproduced in any form without the written permission of the publisher.
Chinese translation rights arranged with EI Publishing CO.,LTD., Tokyo through NIPPAN IPS Co., Ltd.

本书由日本枻出版社授权北京书中缘图书有限公司出品并由河北科学技术出版社在中国范围内独家出版本书中文简体字版本。
著作权合同登记号：冀图登字 03-2019-222
版权所有 · 翻印必究

图书在版编目（CIP）数据

轻食冷甜点 / (日) 下迫绫美著 ; 陈昕璐译 . -- 石家庄 : 河北科学技术出版社 , 2020.4
ISBN 978-7-5717-0297-7

Ⅰ . ①轻… Ⅱ . ①下… ②陈… Ⅲ . ①甜食－制作 Ⅳ . ① TS972.134

中国版本图书馆 CIP 数据核字 (2020) 第 044895 号

轻食冷甜点

[日] 下迫绫美 著　　陈昕璐 译

策划制作：北京书锦缘咨询有限公司（www.booklink.com.cn）
总 策 划：陈 庆
策　　划：肖文静
责任编辑：刘建鑫　原　芳
设计制作：王　青

出版发行 河北科学技术出版社
地　　址 石家庄市友谊北大街 330 号（邮编：050061）
印　　刷 涞水建良印刷有限公司
经　　销 全国新华书店
成品尺寸 185mm × 260mm
印　　张 5
字　　数 60 千字
版　　次 2020 年 4 月第 1 版
2020 年 4 月第 1 次印刷
定　　价 48.00 元